U0393752

牛羊病诊治
要点解析

谷风柱　郭永红　李克鑫　主编

山东科学技术出版社
·济南·

图书在版编目（CIP）数据

牛羊病诊治要点解析 / 谷风柱，郭永红，李克鑫主编 . -- 济南：山东科学技术出版社，2022.8（2024.1 重印）

ISBN 978-7-5723-1267-0

Ⅰ.①牛⋯ Ⅱ.①谷⋯ ②郭⋯ ③李⋯ Ⅲ.①牛病 – 诊疗 ②羊病 – 诊疗 Ⅳ.① S858.2

中国版本图书馆 CIP 数据核字 (2022) 第 089355 号

牛羊病诊治要点解析
NIUYANGBING ZHENZHI YAODIAN JIEXI

责任编辑：于 军

装帧设计：李晨溪

主管单位：山东出版传媒股份有限公司

出 版 者：山东科学技术出版社

地址：济南市市中区舜耕路 517 号

邮编：250003 电话：（0531）82098088

网址：www.lkj.com.cn

电子邮件：sdkj@sdcbcm.com

发 行 者：山东科学技术出版社

地址：济南市市中区舜耕路 517 号

邮编：250003 电话：（0531）82098067

印 刷 者：山东联立文化发展有限公司

地址：山东省日照市莒县招贤镇罗庄二路西路 3 号

邮编：276526 电话：（0633）6622299

规格：16 开（210 mm × 285 mm）

印张：10 字数：194 千

版次：2022 年 8 月第 1 版 印次：2024 年 1 月第 3 次印刷

定价：168.00 元

编　委　会

BIAN WEI HUI

主　编　谷风柱　郭永红　李克鑫

副主编　王玉茂　王　丹　李克钦　朱付军　韩文选

　　　　林治钰　王兆芬　崔智慧　陈学龙　袁晓辉

　　　　魏秀国　马晓军　刘晓曦　陈合权　王彤彤

　　　　杜西翠　伏　刚　冉智光　刘永先　辛艳辉

　　　　范培松　史艳华　王景陆　李　博　张天琳

　　　　李开凯　刘淑霞　宋国彪　王英杰

作　者　（按姓氏笔画排序）

　　　　王广顺　王国斌　王振峰　田宝富　朱永明

　　　　任志玉　闫泳璇　多朋毛东州　李　利　李宇航

　　　　李育明　李桂祥　杨丽杰　肖　宁　谷文田

　　　　宋春娟　张国琳　张洪占　张鲁朝门　赵国军

　　　　赵清风　胡树广　钟丽智　段崇杰　侯凤娇

　　　　侯国振　郗艳菊　洪品文　秦　帅　夏力亮

　　　　徐洪彦　高　飞　郭　红　郭艳钦　唐庆超

　　　　彭　智　程全明　温平平　潘云鑫　薛身凯

　　　　薛明天

　　目前我国奶牛存栏量近 1 000 万头，牛奶产量快速增长，年产量达到 3 500 万吨；2021 年末，肉牛存栏量达到 9 817 万头，同比增长 2.7%；肉羊存栏量 1.3 亿只，出栏量 3 亿只。

　　2022 年 3 月 1 日，农业农村部明确提出"加快发展草食畜牧业，实施肉牛肉羊增量提质行动"。到 2025 年，牛羊肉自给率保持在 85% 左右，牛羊肉产量分别稳定在 680 万吨和 500 万吨，肉牛、肉羊规模养殖比重分别达到 30% 和 50%。

　　牛羊养殖业发展前景广阔、市场巨大，但疫病问题一直是困扰牛羊养殖业发展的重要因素之一。特别是近年来小反刍兽疫、羊痘、羊口疮、沙门菌病、大肠杆菌病、巴氏杆菌病、结节病、赤羽病、副流感、传染性胸膜肺炎、梭菌感染等的发生与蔓延，严重影响了养殖效益。为此，我们组织"产、学、研"三方面的兽医专家，集体策划、编写了《牛羊病诊治要点解析》。

　　该书采用问答形式，剖析了牛羊重大疫病和常发病的诊疗要点，理论与实践相结合，借以拓展兽医人员的临床诊断思路和提高诊疗水平。该书共分 6 章，配有 420 余幅清晰实用的彩图，涵盖牛羊病毒病、细菌病、寄生虫病、内科病、外科病、产科病等，阐述牛羊疾病诊疗中的难点、疑点问题，蕴含作者几十年的兽医临床经验与心得体会，参考价值高。

该书在编写与出版过程中，得到河北维尔利动物药业集团有限公司、山东德信生物科技集团有限公司、山东大益生物科技集团有限公司、河北锦坤动物药业有限公司、山东天邦生物科技有限公司、天津必佳药业有限公司、辽宁爱牧之家农牧科技有限公司、山东汇牧人动物药业有限公司、重庆奥龙生物制品有限公司、郑州中养联畜牧科技有限公司、济南鑫宝星动物药业有限公司、内蒙古奈曼旗动保兽药120等单位的倾力相助，在此谨致谢忱！

由于我们水平有限，书中难免存在疏漏和不当之处，敬请各位专家、同行和读者提出宝贵意见。

编　者

CONTENTS 目 录

三、牛羊寄生虫病诊治技术

四、牛羊内科病诊治技术

五、牛羊外科病诊治技术

六、牛羊产科病诊治技术

1. 如何防控口蹄疫？

口蹄疫是一种由口蹄疫病毒引起的急性、热性、高度接触性传染病。

【临床症状】口腔黏膜、蹄部和乳腺皮肤发生水疱。

发病急、流行快、传播广、发病率高，多呈良性经过；口腔颊黏膜、舌体、牙龈处有水疱、溃疡，流口水；蹄冠、蹄叉有水疱、溃烂，流出液体并结痂；乳腺皮肤有水疱、糜烂，严重的乳腺有瘘管；有的牛排血便，眼结膜苍白；犊牛患口蹄疫时，不见症状就急性死亡。

【剖检变化】除口腔和蹄部病变外，还可见食道和瘤胃黏膜有水疱和烂斑；肠道黏膜溃疡、出血性肠炎；肺呈浆液性浸润；心包内有大量浑浊而黏稠的液体。

犊牛患口蹄疫可见心肌灰白色或淡黄色条纹状坏死，如同虎皮状斑纹，俗称"虎斑心"。

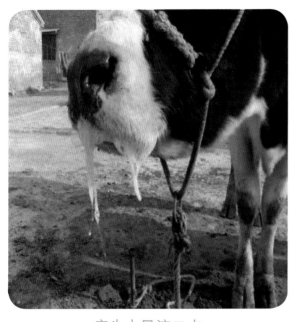

病牛大量流口水

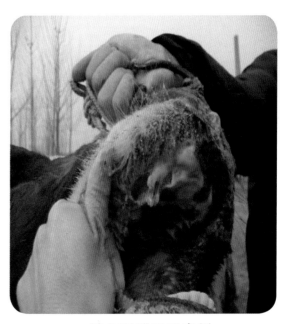

口腔颊黏膜严重糜烂

犊牛口流白沫

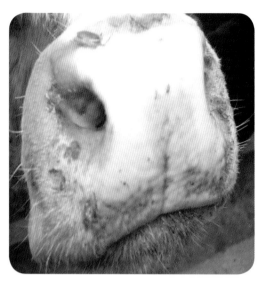

鼻孔、鼻镜溃烂

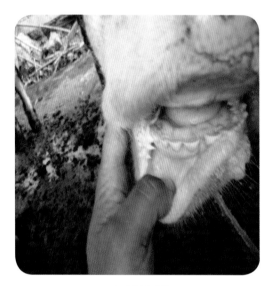

齿龈溃烂

鼻镜恢复后的痕迹

蹄冠水疱破裂

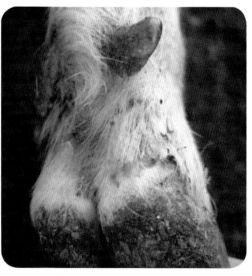

羊：蹄冠缘有水疱，感染化脓

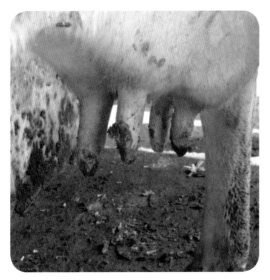

乳头破溃

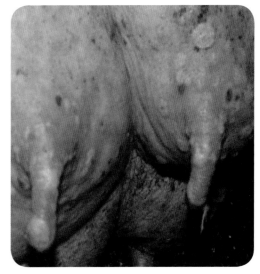

乳头有水疱

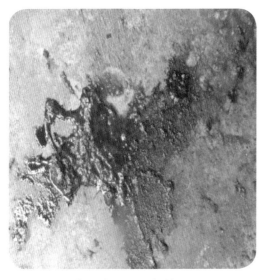

肠溃疡便血，病情严重

便血致黏膜苍白，贫血

犊牛突然死亡

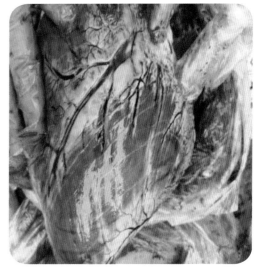

心肌炎——虎斑心

【防控措施】

（1）加强检疫：采取综合性防控措施，平时要积极预防，加强检疫，注重消毒；要定期注射口蹄疫疫苗，常用口蹄疫 O 型、A 型单苗或联苗免疫注射，也有亚洲 1 型疫苗。

（2）疫苗接种：口蹄疫二联灭活苗接种，肌肉或皮下注射，1 岁以下犊牛 1 毫升，1 岁以上犊牛 2 毫升，免疫期 4~6 个月。孕牛怀孕 2 月后可以疫苗接种，但产前 2 周不可疫苗接种，可产后再补苗。

（3）局部控制：

①口腔病变可用 0.1% 高锰酸钾液清洗，涂以 1%~2% 明矾溶液或碘甘油，也可涂抹冰硼散（冰片 15 克、硼砂 150 克、芒硝 150 克，共研细末）。

②蹄部病变用 3% 来苏儿清洗，涂抹龙胆紫溶液、碘甘油、土霉素软膏等，用绷带包扎。

③乳腺病变用肥皂水或 2%~3% 硼酸水清洗，涂以土霉素软膏。

（4）全身控制：

①对于以心肌炎为特征的口蹄疫牛群，除采用上述局部措施外，更要重视用强心剂，包括注射 10% 樟脑磺酸钠，应用肌酐、牛磺酸等药物。

②注意瘤胃臌气，随时放气处理。

③纠正脱水、离子丢失和酸碱平衡紊乱，注射维生素 B_1。

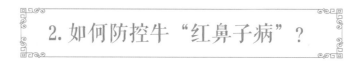

2. 如何防控牛"红鼻子病"？

牛"红鼻子病"又称传染性鼻气管炎、坏死性鼻炎，是由牛疱疹病毒 I 型引起的急性、热性、接触性、呼吸道传染病。我国 1980 年首次发现此病。

【临床症状】

（1）犊牛：以鼻子发红、化脓性鼻气管炎、发热、呼吸困难、鼻流黏液为特征。

（2）繁殖牛：表现脓疱性外阴—阴道炎、流产、乳腺炎、结膜炎、肠炎、脑炎等。

【防控措施】

（1）预防：严格检疫，防止引入病牛；健康牛进行疫苗接种；怀孕牛、4 月龄以下犊牛、感染牛不接种；发病牛隔离、封锁、扑杀、消毒等。

（2）治疗：

①选用抗病毒药：临床常用干扰素、免疫球蛋白、双黄连注射液、大青叶注射液、板蓝根注射液等。

②选用抗生素：选用头孢类、青霉素、氨苄西林、磺胺类等，预防继发感染。

③黏膜消毒：选用 0.01% 高锰酸钾液、3% 硼酸水、0.01% 新洁尔灭等，冲洗黏膜。

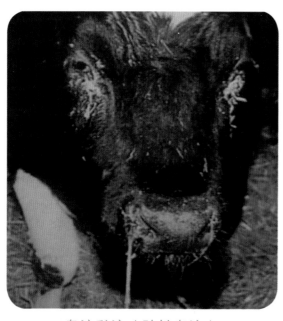

鼻流黏液（脓性鼻液）

轻度"红鼻子病"

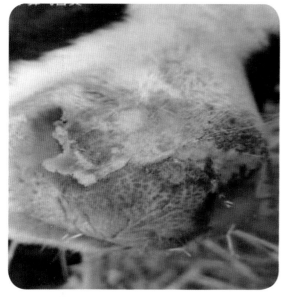

重度"红鼻子病"

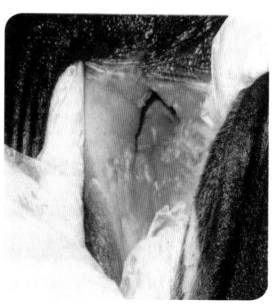

阴道黏膜高度充血

3. 如何防控牛病毒性腹泻——黏膜病？

牛黏膜病是由牛病毒性腹泻病毒引起的，各年龄牛都易感染，以犊牛易感性最高。

【临床症状】 本病特征为黏膜发炎、糜烂、腹泻、流产、发育不良。

（1）急性型：多见于犊牛，高热稽留2~3天，有的呈双相热型。水样腹泻，粪便恶臭，含有黏液或血液；大量流涎、流泪、口腔黏膜（唇内、齿龈和硬腭）和鼻黏膜糜烂或溃疡，严重者整个口腔覆有灰白色坏死上皮，像被煮熟一样；孕牛流产；犊牛先天性缺陷，如小脑发育不全、失明等。

（2）慢性型：较少见，病程2~6个月，有的长达1年。病牛消瘦，呈持续或间歇性腹泻，里急后重，粪便含血或黏膜。鼻镜糜烂，但口腔内很少有糜烂。蹄叶发炎和趾间皮肤糜烂坏死，致使病牛跛行。

口腔黏膜出血、糜烂

病牛严重腹泻

同龄成年病牛个体发育差别很大

提示：病牛只增重缓慢，同龄成年牛个体发育差别很大，所以，该病临床诊断要点是：长时间反复排稀便，同龄牛体重悬殊。

【防控措施】我国已生产出一种弱毒冻干疫苗，可接种不同年龄和品种牛，接种安全，免疫期22个月。

目前尚无有效治疗方法，只有加强护理，采取对症疗法，增强机体抵抗力，促使病牛康复。

4. 如何防控牛副流感？

牛副流感又称运输热，是一种急性呼吸道传染病。以侵害呼吸器官，引起高热、呼吸困难和咳嗽为特征。长途运输、天气寒冷、牛体质下降等外部因素常促发该病，因此，又称运输性肺炎。该病常与巴氏杆菌病等混合感染或继发感染，从而使病情恶化。

【临床症状】病牛精神沉郁、食欲不振；体温41℃左右，鼻镜干燥；咳嗽，流浆液性或脓性鼻液；呼吸快速，有时张口呼吸；眼结膜潮红，大量流泪，发生脓性结膜炎；有的病牛发生黏液性腹泻，消瘦、衰弱。

听诊有湿性啰音，肺泡呼吸音消失，可听到胸膜摩擦音；有的病牛2~3天死亡，发病率可达20%，病死率为1%~2%。

【剖检变化】支气管肺炎和纤维素性胸膜炎病变，肺脏粘连并有实变，继发感染时病变更为复杂。

【防控措施】以防止并发或继发细菌感染为主，及早用药。

（1）抗病毒药：选用抗病毒中药和退热药等。

（2）防止继发感染：青霉素和链霉素联合使用，也可用头孢类、卡那霉素等。成牛每天用25~30克磺胺五甲嘧啶，静脉或肌肉注射，每日2次，连用3~4天。如加用维生素A、C，效果更好。

鼻流出黏液（脓性鼻液）

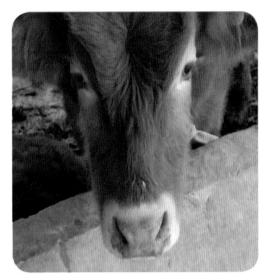

发热，鼻镜干燥

气喘，口流白沫

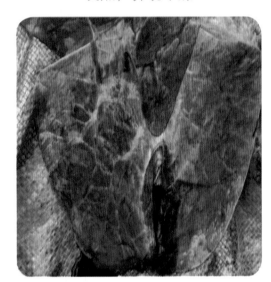

间质性肺炎，局部肺实变

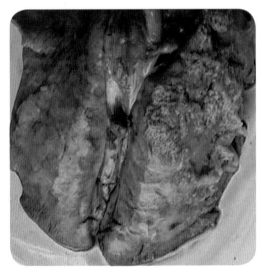

肺表面有纤维素性物质渗出，粘连

5.牛身上"长瘤"是怎么回事？

牛面部、肩背部、腿部等处长出较大疙瘩，单个或呈丛状，这是牛乳头状瘤，也称"疣"。这是由牛乳头瘤病毒引起的一种体表或部分黏膜发生的慢性增生性疾病，是常见良性肿瘤。

该病多因尖锐异物创伤所致，通过口腔侵入或生殖道黏膜感染发病。该病损害皮革，降低牛体质，损害生殖系统。近年来，国内对该病的报道逐渐增多。

【临床症状】

（1）皮肤型：头、颈、鼻、肩背部、胸部和腿部出现瘤块。瘤体灰白色，表面粗糙、无毛、干燥、角化，呈菜花状，多少不等、大小不一，直径由几毫米到10厘米或更大。

（2）乳腺型：疣呈扁平"米粒状""刺状"，不侵害乳管。当疣生长旺盛或数目增多时，会导致乳头损伤、挤奶疼痛，加上环境污染，极易引起乳腺炎。

（3）生殖型：阴茎黏膜和阴道黏膜长有菜花状疣。

【防控措施】

（1）及时发现病牛，隔离饲养，严防病牛混群。

（2）全场定期用2%碱水对牛栏、运动场、颈枷进行消毒。

（3）严格执行挤奶卫生规程，防止乳头皮肤创伤。

（4）外科疗法：以弹性皮筋勒紧疣根部，阻断血流而坏死，自行脱落。伤口消毒，可用液氮冷冻点化，使瘤体干性坏死。

髻甲部、背部长疣

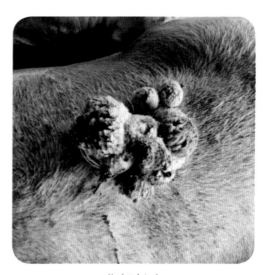

背部长疣

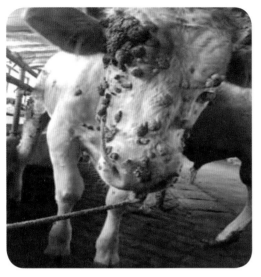

头面部密密麻麻的疣

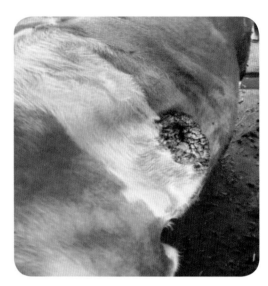

胸侧壁长疣

腿部长满疣

乳头长疣

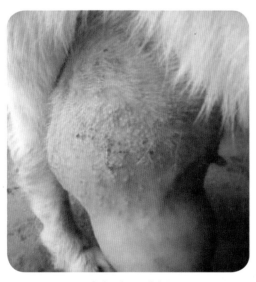

乳腺长有"刺疣"

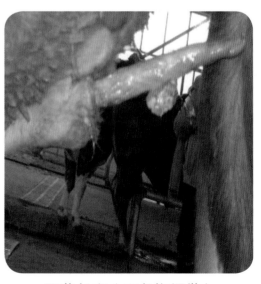

阴茎长疣（石冬梅提供）

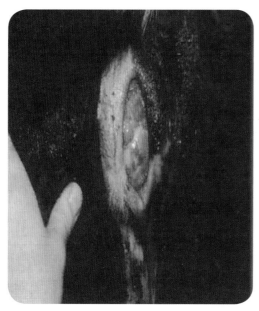

阴道黏膜长疣（石冬梅提供）

6.如何防控牛结节性皮肤病？

牛结节性皮肤病又称牛皮肤疙瘩病，由一种痘病毒科羊痘病毒属DNA病毒所引起。

【临床症状】病牛发热，以头颈部、肩背部、胸腹部、腿部、乳腺和阴部等处出现边界清晰的结节为特征；有的结膜水肿流泪，淋巴结肿大，眼睑水肿，四肢、下颌出现皮下水肿。

【剖检变化】口咽、会厌、舌、心脏和瘤胃也有痘性病变。

如继发感染，会导致病情恶化而死亡。

【防控措施】

（1）疫苗接种：疫苗接种是有效控制手段。国外已有两种减毒活疫苗专门用于控制牛结节性皮肤病，一种是以南非分离株研发的，另一种是以绵羊痘病毒的肯尼亚分离株研发的。

我国现在还没有该病的疫苗，但该病毒和羊痘病毒有96%以上的同源性，所以可采用10倍剂量的羊痘疫苗进行牛群免疫接种。

（2）规范处理：对于发病牛，要严格执行国家对此病处理的各种规定。

（3）群体防控：在诊断不明时，可采用下列措施。

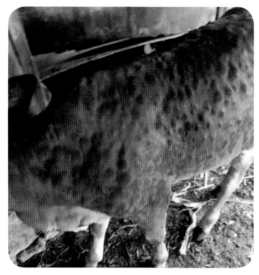

典型的皮肤结节

黑色牛皮肤结节

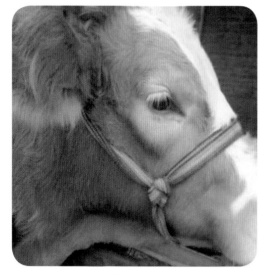

眼睑水肿

眼结膜严重水肿

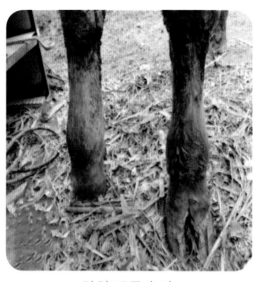

肢蹄明显水肿

①注射抗病毒药：如板蓝根、大青叶、干扰素、免疫球蛋白等，同时口服抗病毒中药。

②控制败血症：用头孢类、碳酸氢钠等注射。

③应用维生素 C、维生素 B_1 等。

④如有水肿，可用强心利尿剂，如樟脑磺酸钠、呋塞米等。

7. 如何防控赤羽病？

在我国，赤羽病是牛、羊罹患的新传染病。病原为赤羽病病毒，为布尼安病毒属，又叫阿卡斑病毒。该病 1949 年在日本群马县赤羽村发生，1959 年命名为赤羽病病毒。1972~1975 年曾在日本关东以西大流行，持续流行 3 年。目前该病主要分布于亚洲、南美洲、非洲。

用十多个省（市）送检的 1 000 多份牛、羊血清样品进行中和试验，发现含有阿卡斑病毒抗体，提示我国有该病存在，应引起重视。目前该病在东北地区广泛流行。

该病毒主要通过蚊子、库蠓等吸血昆虫传播，病牛（羊）或带毒牛（羊）为传染源。该病具有明显的季节性。

妊娠母牛（羊）体内的病毒可通过胎盘感染，导致流产、死胎或畸形；该病呈流行性或散发性，异常分娩多见于 8 月至翌年 3 月，呈周期性流行。犊牛（羔羊）临床发病率也很高。

【临床症状】一般病孕牛（羊）没有临床症状，体温正常。

（1）妊娠牛（羊）异常分娩，多发生于怀孕 7 个月以上或接近妊娠期满的母牛（羊）。

（2）胎龄越大的胎儿，发生早产的越多。

（3）母牛（羊）易发生难产，即使顺产新生犊牛（羔羊）也不能站立。

（4）多产出生命力低下或青光眼（睁眼瞎）的犊牛（羔羊），有的犊牛（羔羊）角膜浑浊或溃疡等。

（5）胎儿畸形，包括关节弯曲，呱唧嘴，不会吃奶。

（6）大脑萎缩、脑积水、头大。

【防控措施】对于赤羽病尚无疫苗和特效药物，只能采取预防措施。

（1）加强进出口检疫，防止病原传入。

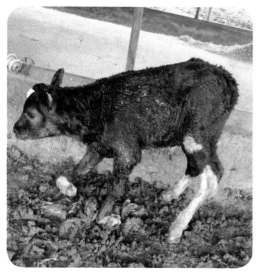

犊牛双侧指关节严重畸形

犊牛左前肢腕指关节畸形

初生犊牛多关节畸形

初生犊牛青光眼，失明

初生犊牛不会吃奶，空嚼

（2）改善环境卫生，彻底消灭吸血昆虫并对滋生地进行消毒。

（3）定期接种疫苗。日本和澳大利亚培养病毒，用甲醛灭活，添加磷酸铝胶作为佐剂，制成灭活苗。在流行季节到来之前，给妊娠母牛和计划配种牛接种两次，免疫效果良好。

8. 如何防控小反刍兽疫？

小反刍兽疫俗称羊瘟，是由小反刍兽疫病毒引起的一种急性病毒性传染病，以发热、口炎、腹泻、肺炎为特征，为我国一类动物疾病。本病主要感染山羊、绵羊等小反刍动物。主要通过直接接触传染，病羊的分泌物和排泄物是传染源，处于亚临床型的病羊尤为危险，因此，要隔离病羊。

【临床症状】山羊临床症状典型，绵羊较轻微。羊突然发热，至第2~3天体温达40~42℃，多集中在发热后期死亡。病羊口腔黏膜充血，继而出现糜烂。有水样鼻液，后变为大量黏脓性鼻液，阻塞鼻孔造成呼吸困难。眼结膜炎，流泪。多数病羊发生严重腹泻，迅速脱水和体重下降，怀孕母羊可发生流产。气管有渗出物，肺部有出血性间质性炎症。真胃出血，空肠后部出血，盲肠和结肠出血。

总之，该病临床表现"六大炎"——眼炎、鼻炎、口炎、肺炎、胃炎、肠炎。

【防控措施】小反刍兽疫疫苗效果是可靠的。

（1）新购进羊群必须隔离观察，确保羊群健康时方可接种小反刍兽疫疫苗。

（2）疫苗接种时按说明用生理盐水稀释，每毫升含1头份，每只羊颈部皮下注射1毫升；新生羔羊1月龄后首次免疫；对本年未免疫羊只和超过3年免疫保护期的羊群都进行免疫。

（3）羊单独免疫，不与其他疫苗联合使用，与其他疫苗的间隔时间至少在10天以上，联苗除外。

（4）用过的疫苗瓶及瓶中剩余疫苗集中焚烧后深埋，接种用注射器、针头冲洗干净后高温消毒。

对于羊群的控制，应以抗病毒、防败血、防继发感染为主。抗病毒中药可注射或口服，头孢类抗生素可预防败血症，补充维生素是必要的，防止脱水很重要。

结膜炎：流脓性分泌物

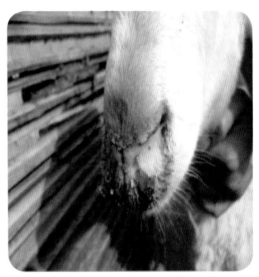

鼻炎：流浆液、黏液、纤维性物质鼻液

口炎：流口水，嘴粘有草渣

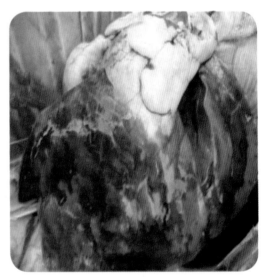

肺炎：大面积间质性肺炎

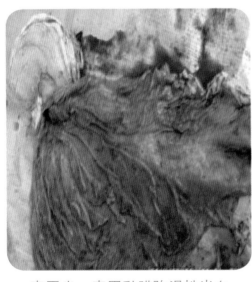

真胃炎：真胃黏膜弥漫性出血

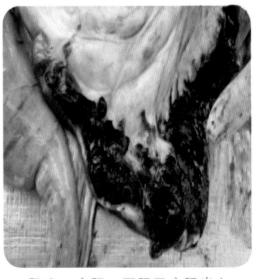

肠炎：空肠、回肠及盲肠出血

9. 如何防控羊痘?

羊痘是一种急性、热性、接触性传染病。该病以羊无毛或少毛的皮肤和黏膜上发生特异性痘疹为特征。

【临床症状】典型病例初期为丘疹,后变为水疱、脓疱,最后干结成痂脱落而痊愈。绵羊痘较常见,又名"绵羊天花"。绵羊痘只感染绵羊,不感染山羊,山羊痘病毒只感染山羊。

病羊突发高热,体温可高达41~42℃;食欲减退,精神不振;眼结膜潮红,鼻流浆液、黏液或脓性分泌物;呼吸和脉搏加快,经1~2天后出现痘疹。痘疹常发生于皮肤无毛或少毛处,多见于头部、眼周围、唇、鼻、颊、四肢、尾腹侧、阴唇、乳腺、阴囊和包皮等处。初为红斑,而后形成丘疹,突出皮肤表面,逐渐增大为灰白色或淡红色、半球状的隆起结节。结节在几天之内变成水疱,水疱内容物初似淋巴液,后变成脓性。脓疱破溃后,若无继发感染,则在几天内干燥成棕色痂块。痂块脱落留下一个红斑,随病情好转颜色变淡而痊愈。

【防控措施】羊痘防控主要靠疫苗接种。

(1)疫苗接种:应用鸡胚化绵羊痘弱毒疫苗、山羊痘细胞化弱毒冻干苗,不论羊只大小,一律在尾内面或股内侧皮内注射0.5毫升,免疫期1年。还有一种小反刍兽疫+山羊痘二联活苗,尾根皮内注射1头份,免疫期12个月。

(2)隔离病羊:避免接触病羊。

(3)紧急预防:对2~3周龄羔羊接种血清抗体,紧急预防。

(4)全面消毒:羊圈院舍全面彻底消毒,并用消毒液洗擦病羊患部,再用碘伏涂擦。

(5)个体处理:对发热病羊要抗病毒药和抗生素输液联用,防止败血症。

(6)中药方剂:口服效果亦很好。

①发病初期:双花6克,升麻3克,葛根6克,连翘6克,生甘草3克,水煎,一次灌服。

头部痘疹,颜面部已变形

胸骨区痘疹，临床极难发现

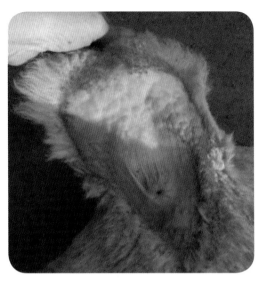

尾腹侧密集痘疹

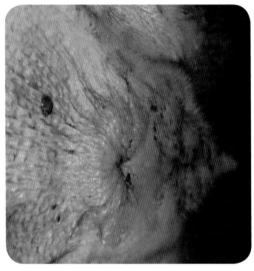

肛周、阴唇周围痘疹

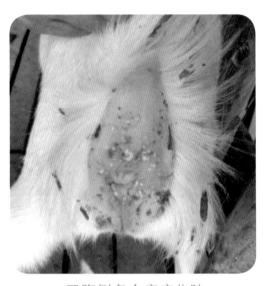

尾腹侧多个痘疹化脓

腿内侧痘疹消退

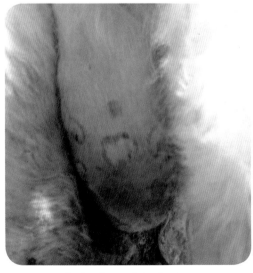

痘疹消退后留有痘印

②痘疹破溃期：连翘 12 克，黄柏 45 克，黄连 3 克，黄芪 6 克，栀子 6 克，水煎灌服，促进痘疹愈合，形成痂皮。

③对虚弱病羊：当归 6 克，黄瓦 6 豆，赤芍 15 克，紫草 3 克，金银花 3 克，甘草 1.5 克，水煎灌服，病情严重时加大用量。

10. 如何防控羊口疮?

羊口疮又称羊传染性脓疱病，是一种由传染性脓疱病毒引起的接触性传染病，以口唇、舌、鼻、乳腺等部位形成丘疹、水疱、脓疱和疣状硬痂为特征。部分病羊伴有眼结膜发炎，眼流分泌物、发红，最后结膜变白变厚、失明。

（1）唇型：病羊首先在口角、上唇或鼻镜上出现散在的小红斑，逐渐变为丘疹和小结节，再形成水疱或脓疱，破溃后形成黄色或棕色的疣状硬痂。有的形成大面积龟裂、易出血的污秽痂垢。整个嘴唇肿大外翻，呈桑葚状隆起。常伴有坏死杆菌、化脓性病原菌的继发感染，引起深部组织化脓和坏死，致使病情恶化。有些病羊口腔黏膜也发生水疱、脓疱和糜烂，导致采食、咀嚼和吞咽困难。

（2）蹄型：病羊多见一肢患病，也可相继发生在四肢蹄端。通常于蹄叉、蹄冠或系部皮肤上形成水疱、脓疱，破裂后变为由脓液覆盖的溃疡。

唇型口疮：口炎

牙龈长有凸起结节

下唇不能闭合

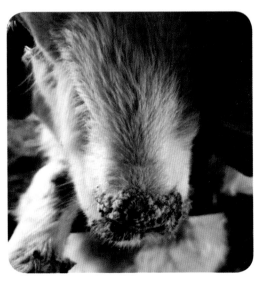

鼻唇糜烂结痂

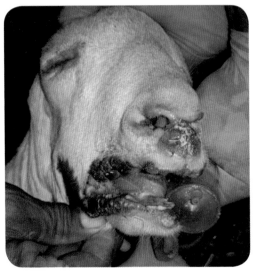

鼻镜、口角糜烂结痂

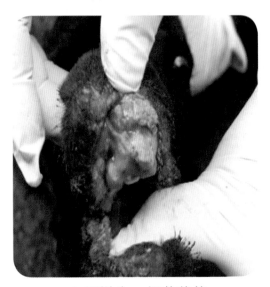

上唇增生，似菜花状

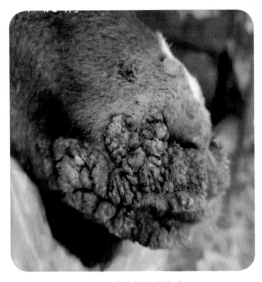

严重者结痂增生

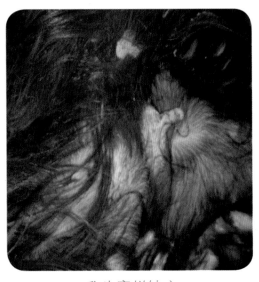

乳头糜烂结痂

（3）外阴型：外阴型病例较为少见。病羊阴道有黏性或脓性分泌物，在肿胀的阴唇及附近皮肤上发生溃疡；在乳腺和乳头皮肤（多系病羔吮乳时传染）上发生脓疱、烂斑和痂垢。公羊则表现为阴囊鞘肿胀，出现脓疱和溃疡。

【防控措施】

（1）严格检疫：不从疫区引进羊或购入饲料、畜产品。引进羊须隔离观察 2~3 周，严格检疫，证明无病后方可混群饲养。

（2）加强管理：捡出饲料、垫草中的硬物，检查蹄部，加喂适量食盐，以减少羊只啃土啃墙，防止皮肤和黏膜损伤。

（3）局部处理：先用温消毒液将病羊口唇部痂垢浸润软化，除去硬痂，再涂抹红霉素软膏、碘甘油或土霉素软膏等，每日 1~2 次，至痊愈。或用 0.01%~0.02% 高锰酸钾溶液冲洗创面，然后涂 2% 龙胆紫，使创面干燥。

（4）蹄部处理：对于蹄型病羊，将蹄部置于 3% 福尔马林溶液中浸泡 1 分钟，每天一次，每次 15 分钟，连泡 3 次。

（5）疫苗接种：在本病流行地区，用羊口疮弱毒疫苗免疫接种。按每头份疫苗加生理盐水，在阴暗处充分摇匀，每只羊在口腔黏膜内注射 0.2 毫升，以注射处出现一个透明发亮的小水泡为准。

把病羊口唇部痂皮取下，研成粉末，用 5% 甘油生理盐水稀释成 1% 溶液，对未发病羊做尾根无毛部划痕接种，10 天后即可产生免疫力，保护期可达 1 年左右。

11. 如何防控羊伪狂犬病？

羊伪狂犬病又叫"奇痒病""传染性延髓麻痹"，是由伪狂犬病毒引起，动物共患的一种急性传染病。临床以发热、奇痒、脑脊髓炎症状为特征。本病主要侵害羊中枢神经系统。

【流行特点】感染羊通过鼻液、唾液、乳汁、尿液等排出病毒，污染饲料、牧草、饮水、用具及环境，经消化道、呼吸道感染，也可经受伤的皮肤、黏膜和交配传染，或者通过胎盘、哺乳发生垂直传染。一般呈地方性流行，以冬、春季发病多。

【临床症状】潜伏期 3~6 天，多呈急性病程，病羊体温升高，肌肉震颤，出现奇痒。常见病羊用前肢摩擦口唇、头部等痒处，有时啃咬痒部并发出凄惨叫声或撕脱痒部被毛；

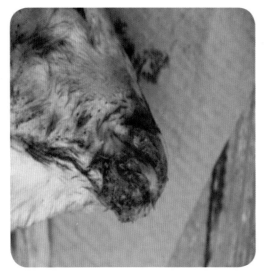

病羊大量流口水

病羊奇痒而啃咬，摩擦局部充血

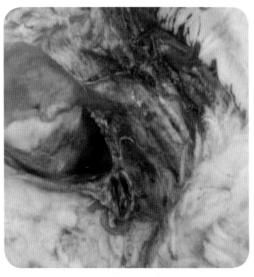

胸前淋巴结出血

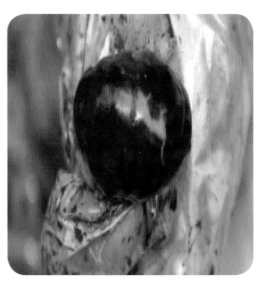

肾脏肿大，有灰白色坏死灶

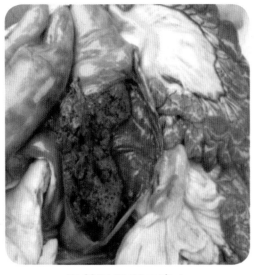

肠管黏膜严重出血

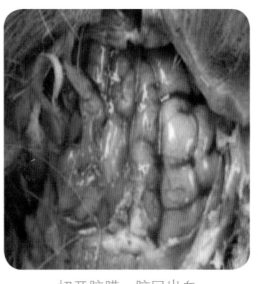

切开脑膜，脑回出血

病羊卧地不起，拒食；咽喉部麻痹，流出带泡沫的唾液及浆液性鼻液。多于发病后 1~2 天死亡，山羊病程可稍有延长。

典型病例可见皮下水肿，淋巴结出血；气管弥漫性出血，肺脏淤血、出血；肝脏有大小不一的白色坏死灶；肾脏有白色坏死灶；肠道充血、出血；脑膜、脑回出血。

【防控措施】伪狂犬病发生率还很高，必须用疫苗接种预防。

（1）疫苗接种：用伪狂犬病弱毒细胞苗进行免疫接种，接种 6 天后产生免疫力，保护期可达 1 年。国内新近研制的牛羊伪狂犬病氢氧化铝甲醛灭活苗，免疫效果可靠。

（2）加强管理：羊舍及运动场定期消毒；保证营养全面均衡；提倡自繁自养，不从疫区引入种羊；购入羊要严格检疫，阳性羊要扑杀、销毁，同群羊隔离观察，证实无病后方可混群饲养；养羊场要远离养猪场。

12. 如何防控绵羊肺腺瘤?

绵羊肺腺瘤病又称"绵羊肺癌"，是由绵羊肺腺瘤病毒引起的一种慢性、接触传染性肺脏肿瘤病。该病以肺泡和支气管上皮呈进行性腺瘤样增生为特征。病羊消瘦，咳嗽，流鼻涕，呼吸困难，最终死亡。世界动物卫生组织将其列为 B 类疫病。该病除澳大利亚和新西兰外，几乎所有养羊国家都流行过。我国 1951 年首次于兰州发现此病。

【临床症状】成年绵羊才表现临床症状，但往往表现症状时病情已很严重。

发病初期，病羊常因剧烈运动或长途驱赶而突然出现呼吸困难。随病程的发展，呼吸快而浅表，吸气时可见头颈伸直，鼻孔扩张。

病羊常有湿性咳嗽，低头时鼻孔流出大量白色脓性物，抬高后肢或压低头部时分泌物增多，这是该病典型症状。听诊和叩诊可闻湿性啰音和肺实变区，尤以肺腹面最为明显。在整个病程中，一般病羊体温正常或仅伴发微热。

发病后期，病羊食欲消失、消瘦、贫血，但仍保持站立姿势。一般经数周，最终病羊因呼吸困难、心力衰竭而死亡。

【剖检变化】肺叶出现弥散性灰白色肿瘤样结节，呈粟粒至枣核大，稍突出于肺组织表面。后期多结节融合成肿块，使病变部位变硬，病肺体积增大为正常肺的 2~4 倍。

气管有大量黏液，心包膜粘连，肝脏有白色坏死灶。

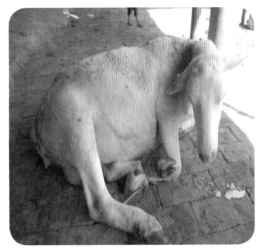

病羊疲劳易卧，鼻流白色脓性物

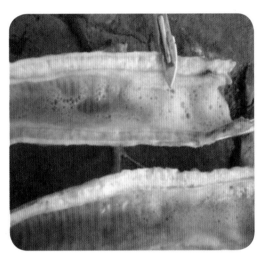

气管充满泡沫性液体

肺叶有白色肿瘤结节

肺脏有较大白色肿瘤凸起

【防控措施】目前本病尚无疫苗防治，也无有效的治疗方法。因此，预防本病的关键在于建立无病羊群，防止引入病羊和带毒羊。新引进羊只必须隔离检疫1个月以上，确认健康方可混入大群。羊群一经传入本病就很难清除，必须全群羊淘汰，以清除病原。平时要加强羊群的饲养管理，搞好卫生，定期消毒和检疫，确保羊只健康。

二、牛羊细菌病诊治技术

1. 如何防控炭疽病？

炭疽病是由炭疽杆菌引起的人畜共患病，近年来在个别区域又有发病。

【临床症状】急性发作病牛，倒地昏迷，呼吸困难，结膜发紫，全身颤抖；口流血沫，肛门、阴门、眼睛等天然孔流出似酱油样血液且不凝固；十几分钟后牛死亡，尸体很快腐败膨胀。

病情缓和的病牛，兴奋不安，走路摇摆，呼吸和心率加快，黏膜发紫；后期全身痉挛，天然孔出血，几个小时内死亡。

【病理变化】急性脾脏肿大，皮下、浆膜下组织出血性胶冻样浸润，血凝不良。

【防控措施】发现可疑病例立即上报，按防疫规定严格处理尸体和清理场所，不得解剖，不得治疗。

牛急性死亡，口流血沫

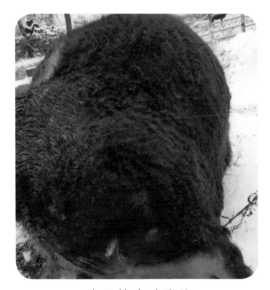

牛尸体腐败膨胀

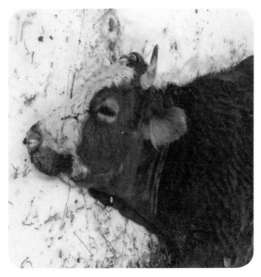

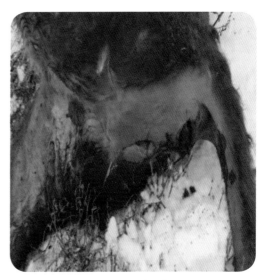

眼睛出血　　　　　　　　　　　　　　　肛门、阴门出血

2. 如何防治结核病、副结核病?

牛羊结核病是由牛型或人型结核杆菌引起的常见慢性传染病,经呼吸道和消化道传染。病畜结核杆菌会随着鼻汁、唾液、粪尿等排出体外,对饲料、饮水、空气环境造成污染。

【临床症状】

(1)肺结核:病畜有急促干咳声,咳嗽加重,呼吸次数增加并伴有气喘,体温稍微升高。

(2)淋巴结核:病牛出现慢性臌气症状,引起吞咽和嗳气困难。

(3)乳腺结核:乳腺淋巴结肿大,乳腺表面出现凹凸不平的硬结,泌乳量减少,后期乳腺萎缩会停止泌乳。

(4)肠结核:犊牛多发,出现下痢和便秘,粪便带血或脓汁,腥臭。

牛羊副结核病的病原是副结核杆菌,存在于肠道黏膜和肠系膜淋巴结,通过粪便、乳汁和尿液大量排毒。因此,病牛和带菌牛是传染源,常呈散发或流行。临床表现是间歇性或顽固性腹泻,呈喷射状,有恶臭,带有气泡和黏液。病牛高度贫血,下颌及垂皮水肿,最后衰竭死亡。病程几个月或更长。

结核病牛极度消瘦

结核病奶牛消瘦

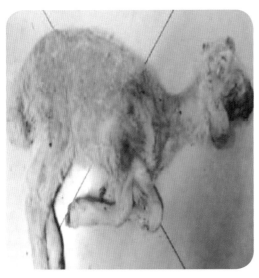

副结核病羊衰竭

副结核病牛下颌明显水肿

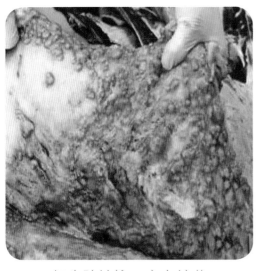

奶牛肺结核，密布结节

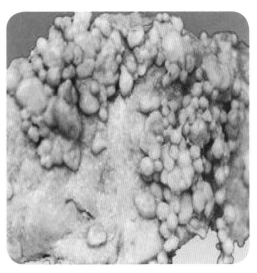

牛胸膜结核，呈珍珠样

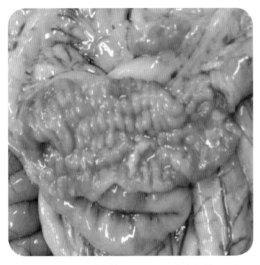

羊肠副结核，肠黏膜结节　　　　　　　结核菌素皮内注射，有变态反应

【防治措施】

（1）定期检疫：每年检疫2次，阳性牛羊淘汰；对于带有阳性结核的牛羊群，每隔30~45天检疫一次，连检3次均为阴性方可正常饲养。

（2）环境消毒：定期对畜舍环境消毒，常用5%~10%热碱水、10%漂白粉、3%~5%来苏儿液等。

（3）疫苗接种：对受威胁的犊牛可进行卡介苗接种，一般在出生后30天，在胸垂皮下注射50~100毫升，以后每年要接种一次。

3. 如何防治牛肺疫?

牛肺疫是由丝状支原体引起的一种高度接触性传染病，冬春季节多发。

【临床症状】病牛不吃草、不反刍，咳嗽气喘，鼻镜干燥流鼻液，高热，下颌水肿，重者死亡。

【剖检变化】主要病变在肺脏和胸膜。大叶性肺炎（实变）和纤维素性肺炎，肺与胸壁粘连，肺与膈肌粘连；胸腔和心包积水。继发感染时，肺部有密密麻麻豆状化脓灶。

【防治措施】

（1）预防：有条件时用疫苗或自家组织灭活苗注射。购买的牛运输前可以注射抗应激用药，肌注强力霉素或土霉素2次。

（2）治疗：用强力霉素+氟苯尼考、替米考星、泰万菌素、林可霉素等肌肉注射，必要时输液。

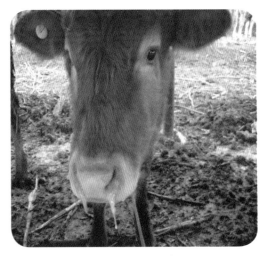

鼻镜干燥，流鼻液

高度呼吸困难，张口气喘

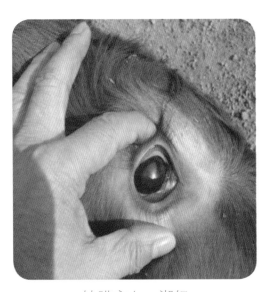

结膜充血、潮红

下颌、肉垂水肿

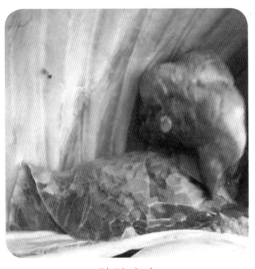

肺脏实变

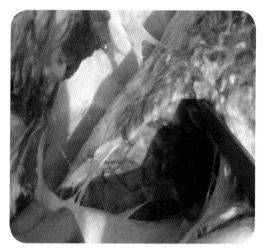

胸膜肺炎，肺粘连

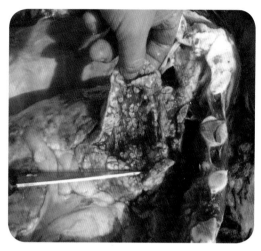

继发感染时有小的化脓灶

4. 如何防治犊牛支原体肺炎？

犊牛支原体肺炎是由牛肺炎支原体引起的，以牛坏死性肺炎为主要特征的呼吸道传染病，但能侵害关节。2008年我国首次报道了牛支原体肺炎。随着集约化养殖业的发展，本病发生呈上升趋势。

【临床症状】该病多发生于冬春季节，3月龄以下犊牛多发，危害性很大，死亡率高。病犊牛发热、气喘、间歇性咳嗽，高度呼吸困难，但临床不流鼻液，关节肿胀也是主要特征。

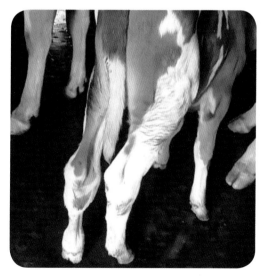

左后肢跗关节炎

两前肢腕关节炎

犊牛咳嗽气喘，但不流鼻液 　　　　　　肺脏、心尖叶有化脓灶

【剖检变化】肺出血、肺粘连，有纤维素渗出物，甚至化脓；关节积液。

【临床用药】因支原体缺细胞壁，所以青霉素和头孢类抗生素无效，对磺胺药物也不敏感。

选用泰万菌素、强力霉素、泰拉霉素、替米考星、林可霉素等，肌肉注射，用量参考说明书。

5. 如何防治克雷伯杆菌病？

牛羊克雷伯杆菌病又称肺炎克雷伯病，是由肠杆菌科、克雷伯菌属的肺炎克雷伯菌引发，表现重症肺炎、败血症、脑膜炎、乳腺炎等。近年来该病的发生率和死亡率较高，已经引起了兽医工作者的高度重视。

肺炎克雷伯菌是无鞭毛、无芽孢，但有荚膜的革兰阴性短杆菌，常呈单个、成双或短链状排列。该病原1893年被分离，现已呈世界性分布，是引发呼吸道感染的主要病原体。由于该菌易与其他病毒、细菌发生混合感染，导致严重疾病，增加了诊治难度。

【临床症状】本病多为散发，冬末春初多发，气温升高发病减少。表现呼吸急迫，大群牛羊咳嗽、流鼻液，体温变化不大且吃草喝水、反刍基本正常。继发感染时，多为急性发病，甚至死亡。

病牛咳嗽，流眼泪

病牛流黏液脓性鼻液

大群羊流脓性鼻液

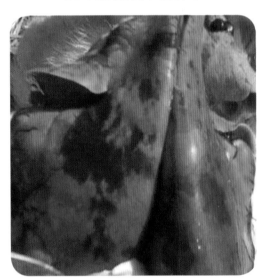

肺出血，局部实变

肾出血

【剖检变化】肺淤血，肺表面有出血点；肝肿大，有出血点；肾肿大，有出血点；脑膜有出血点；大小肠均有出血斑。多与大肠杆菌病、支原体病混合感染，羊死亡率可达50%。

【临床用药】选择对阴性菌有效的药物，如头孢噻呋钠、庆大霉素、阿米卡星等水针注射，同时大剂量口服硫酸新霉素，效果较好。牛每天8~10克，一次口服；羊每天3~5克，一次口服。

6. 如何防治羊梭菌病？

羊梭菌病是由梭状芽孢杆菌属中的多种病菌所引起的一大类致死性疾病，包括羊快疫、羊黑疫、羊猝狙、羊肠毒血症、羔羊痢疾等。以上疾病的临床症状有相似之处，区别在于剖检变化。

羊梭菌病经常发生并造成较大损失。

【临床症状】急性型病羊临床不表现症状，突然死亡。慢性型病羊腹痛、腹泻，很快死亡，尸体腐败。

【剖检变化】

（1）羊快疫：胸、腹腔积液，心包积液，真胃黏膜溃疡出血，瘤胃壁出血，网胃黏膜出血，结肠条带状出血等。

（2）羊猝狙：胸、腹腔积液，心包积液，主要是小肠黏膜充血、出血。

（3）羊肠毒血症：特征性病变是肾脏软化，又称"软肾病"。

（4）羔羊痢疾：最明显病变是小肠（特别是回肠）黏膜出血、溃疡，肠内容物呈血色，肠系膜淋巴结肿胀。

（5）羊黑疫：羊尸皮下静脉明显淤血，羊皮呈暗黑色。肝脏有坏死灶具有重要诊断意义。

【防治措施】

（1）预防：春秋两季注射羊三联四防菌苗，大小羊均皮下或肌肉注射5毫升；孕羊在分娩前40天、20天各再免疫一次；对已发病的同群健康羊进行紧急预防接种。及时隔离，处理病死羊，转移放牧地，大面积消毒。

放牧羊落伍，多卧地，有腹痛表现

羊尸胀气明显

皮肤发红：梭菌病的典型症状

羊快疫：瘤胃黏膜大面积脱落

羊快疫：真胃黏膜出血

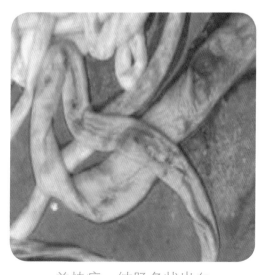

羊快疫：结肠条状出血

羊猝狙：小肠典型出血

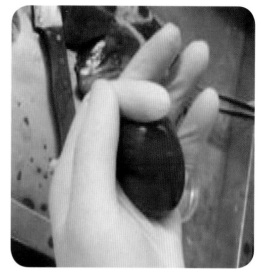

肠毒血症："软肾病"

肠毒血症：肾脏易碎

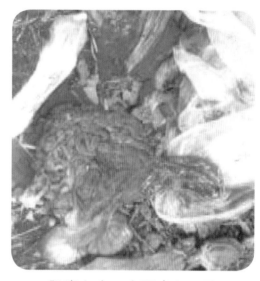

肠毒血症：小肠出血明显

羔羊痢疾：肠系膜淋巴结肿

羔羊痢疾：小肠严重出血

（2）治疗：紧急注射抗梭菌毒素血清；选用头孢类、磺胺类、林可类、氯霉素类、土霉素类、喹诺酮类等抗生素，肌肉注射，大剂量注射青霉素效果好。

7. 如何防治牛猝死症？

牛猝死症是由产气荚膜梭菌引起的一种急性传染病，发病急、死亡快、死亡率高。该病自20世纪80年代就在我国流行，曾对牛养殖业造成重大经济损失，因此，备受关注。

【病原】魏氏梭菌是两端钝圆、短粗的革兰阳性菌，呈单个或呈双排列成短链的大杆菌，具有荚膜，有的形成芽孢。A、C型魏氏梭菌能大量产生毒素，在死亡牛的肠道内已经检测到了魏氏梭菌肠毒素，这是造成急性死亡的原因。

【流行特点】

（1）不同品种、不同年龄、不同性别牛均可发病。

（2）无论是自繁自养，还是外购，均可发病；散放牛较圈养牛多发病，青壮年牛发病率高，3岁以内且营养状况较好的母牛发病重。

（3）一年四季均可发病，但多见于秋末、春初季节。

（4）该病多零星散发，无明显的大面积传染现象。

【临床症状】

（1）发病急、死亡快，牛多在食后不久或休息时突然发病，一般病程为几个小时至1天，最短仅几分钟就死亡。

（2）病牛多频频哞叫、惊恐，颈后及胸侧被毛逆立，肩胛及后肢肌肉震颤。

（3）牛体温正常或偏低，突然倒地、四肢划动，很快死亡。

（4）牛死亡后，口鼻和肛门流出黄白色液体。

【剖检变化】胸腔和心包积液；心肌有大量出血斑，肺水肿；胆囊膨大；肠系膜淋巴结高度水肿；真胃出血，尤其肠黏膜和浆膜出血明显。

【防治措施】

（1）预防：市售有魏氏梭菌病疫苗和牛巴氏杆菌病—魏氏梭菌病二联苗，应用二联苗省工省费用。体重100千克以下牛一次肌注5毫升，体重100千克以上牛一次肌注7毫升，每年2次。

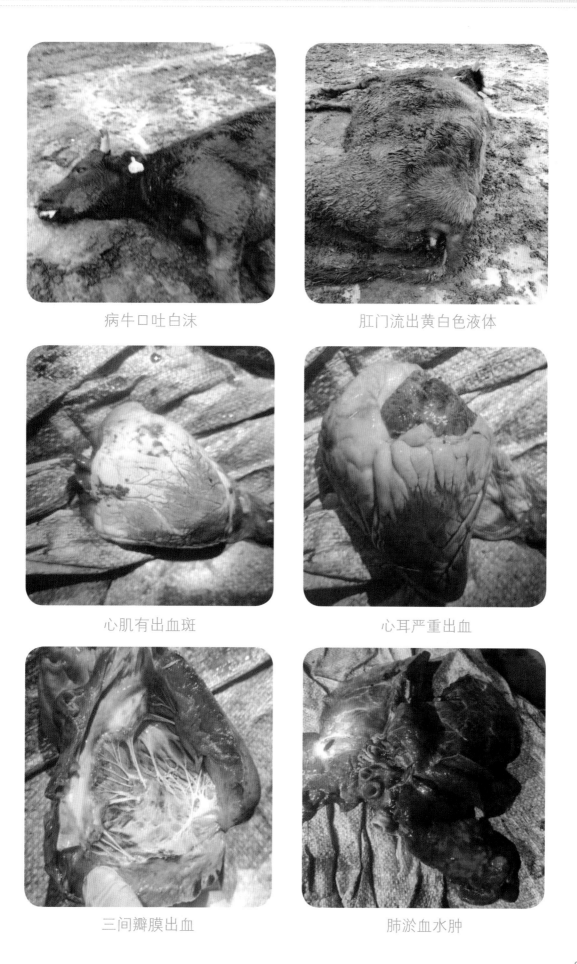

病牛口吐白沫　　　　　　　　　肛门流出黄白色液体

心肌有出血斑　　　　　　　　　心耳严重出血

三间瓣膜出血　　　　　　　　　肺淤血水肿

胆囊肿大膨满

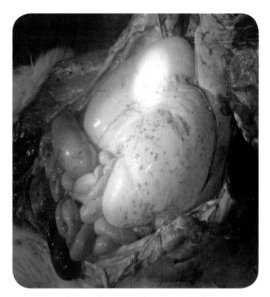

瘤胃壁明显出血，臌气

真胃出血，严重积液

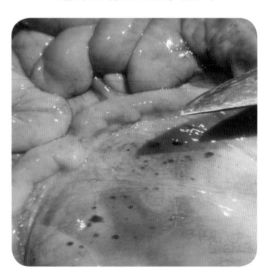

肠系膜严重出血

（2）治疗：多数病例来不及治疗即死亡，可对症治疗。亚硒酸钠－维生素E 50~60毫克，肌肉注射，每天1次，连用2天；10%樟脑磺酸钠10~20毫升，肌肉注射，每天2次；青霉素2 000万 ~2 400万单位，肌肉注射，每天2次。

8. 如何防治羊传染性胸膜肺炎？

羊传染性胸膜肺炎又称羊支原体肺炎，是山羊和绵羊罹患的一种高度接触性传染病。

病原分山羊支原体和绵羊支原体 2 种。

【临床症状】高热，肿眼流泪，咳嗽，流大量铁锈色鼻液，严重腹泻，死亡率很高。

【剖检变化】鼻黏膜、气管黏膜出血，肺炎、肺实变；胸腔有血性淡黄色液体，肺与胸壁发生纤维素性物质粘连，胸膜变厚而粗糙；肠粘连水肿，肠壁出血。

【防治措施】

（1）疫苗预防：有山羊支原体氢氧化铝苗和绵羊肺炎支原体灭活苗；还有山羊支原体灭活疫苗，是包含山羊＋绵羊菌株在内的二联苗，使用方便。

羔羊在 35 日龄进行首免，肌肉注射 3 毫升；以后同成年大群羊进行二免，一年两次。皮下或肌肉注射，6 月龄以上羊 5 毫升。

鼻黏膜严重出血

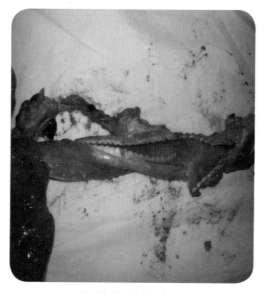
气管弥漫性出血

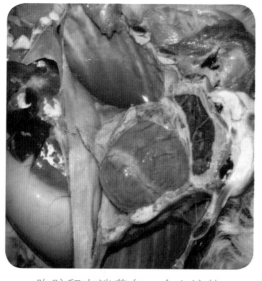
胸腔积有淡黄色、含血液体

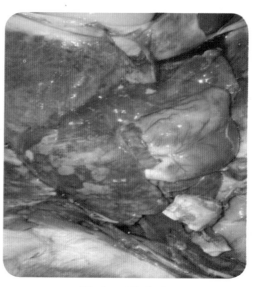
肺炎、肺实变

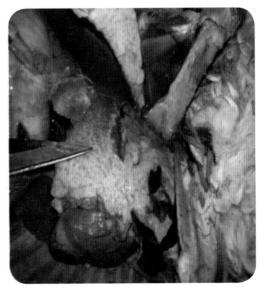

| 胸膜肺炎，肺与胸壁粘连 | 肺附着大量纤维素性物质 |

（2）紧急接种：病羊和可疑羊应立即隔离；对假定健康羊用灭活疫苗接种，注射剂量同预防量。

（3）治疗用药：选用泰拉霉素、强力霉素＋氟苯尼考、泰万菌素、泰妙菌素、替米考星等，肌注5天，治愈率可达92%。

新胂凡纳明（914）可肌肉注射，也可静脉给药，从临床应用效果来看，气体熏蒸、鼻孔吸入非常有效。

9. 如何防治巴氏杆菌病?

牛羊巴氏杆菌病是由多杀性巴氏杆菌引起的急性、热性传染病。急性型常以败血症和出血性炎症为主要特征，所以又叫"牛出败"；慢性型常表现为皮下结缔组织，关节及各脏器的化脓性病灶，并多与其他疾病混合感染或继发感染。

【临床症状】

（1）急性败血型：病畜高热达41℃以上，排带血恶臭稀便，胸前和下颌水肿，常于12~24小时死亡。大多病畜看不到临床症状即突然死亡，鼻孔与口腔流血是特征。

（2）急性肺炎型：典型症状为急性纤维素性胸膜炎。发病后期有的病畜腹泻，便中带血，有的尿血，数天至两周死亡，有的转为慢性型。

（3）慢性型：以慢性肺炎为主，病程1个月以上。

【剖检变化】

（1）牛：头、颈和咽喉部水肿，心肌出血，脾脏罕见肿大；纤维素性肺炎和胸膜炎，肺部有化脓病灶；大的化脓灶切开，流出脓液。肺出血。

（2）羊：皮下有小出血点；黏膜、浆膜及内脏出血；胸腔积液，肺有小出血点；但脾不肿大，胃肠有出血性炎症。

病程较长羊消瘦，皮下胶冻样浸润，常见纤维素性胸膜炎、肺炎和心包炎，肝有坏死灶。

羊突然死亡

羊严重腹泻

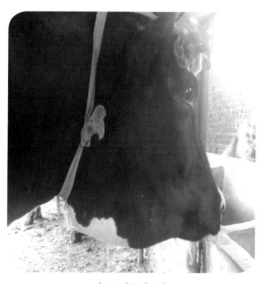

牛下颌水肿

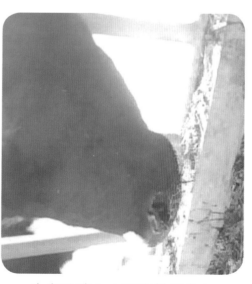

牛鼻孔喷血（王春傲提供）

羊口鼻流血

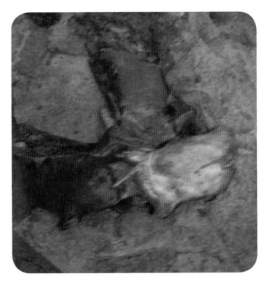

肺脏出血，肺叶实变

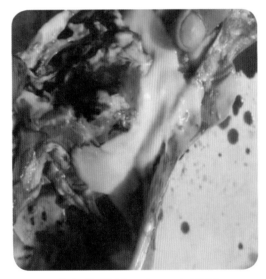

肺有化脓灶，切开有脓汁

心冠、心肌出血

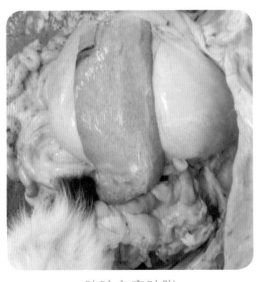

脾脏高度肿胀

【防治措施】

（1）预防接种：牛春秋季节定期接种巴氏杆菌氢氧化铝菌苗，体重100千克以下牛4毫升，体重100千克以上牛6毫升，皮下或肌肉注射，免疫期为9个月。怀孕牛不宜接种疫苗。

羊紧急预防和治疗可使用血清。

（2）治疗用药：牛用头孢噻呋钠5克、5%葡萄糖500毫升、5%维生素C 20毫升、地塞米松5毫升（怀孕牛禁用），静脉注射，2次/天。氨苄西林或青霉素肌肉注射。

羊及时肌肉注射羊出败血清，0.1毫升/千克体重，根据病情可连续使用2次，10~14天有效；预防量减半。配合使用头孢类抗生素，效果更好。

10. 如何防治布氏杆菌病？

布氏杆菌病是一种慢性传染病，主要侵害家畜的生殖系统。家畜感染后，以母畜发生流产和公畜发生睾丸炎为特征。特别是怀孕母畜易流产或产死胎，所排出的羊水、胎盘、分泌物中含大量布氏杆菌，传染力强；皮毛、尿粪、奶液中均有此菌，排菌可长达3个月以上。

人通过与家畜的接触，如消毒不严的难产助产，食用了被污染的奶和肉类，吸入了含布氏杆菌的尘土或杆菌进入眼结膜等途径感染。该病是人畜共患病，所以对人身安全形成极大威胁。

目前尚无有效的治疗方法，只有加强检疫和防疫措施。对于布氏杆菌病应给予高度重视，形成群体免疫机制，逐步净化。

（1）定期检疫：采用试管或平板凝集反应方法进行羊群检疫，羔羊每年断乳后进行一次布氏杆菌病检疫。成羊两年检疫一次或每年预防接种，而不检疫。阳性羊进行扑杀，不能留养或治疗。对污染的用具和场所彻底消毒；流产胎儿、胎衣、羊水和产道分泌物应深埋。

（2）疫苗接种：使用S2弱毒活菌苗，羊不分大小每只饮服100亿活菌，牛饮服500亿活菌。使用布氏杆菌S2号弱毒活菌苗，60日龄注射1头份；或羊型5号弱毒活菌苗免疫接种。每只羊25亿活菌，肌肉注射。

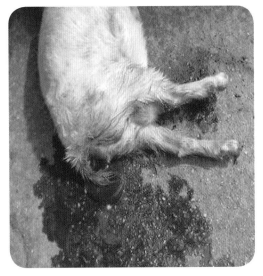

病羊流产，流出尿囊膜

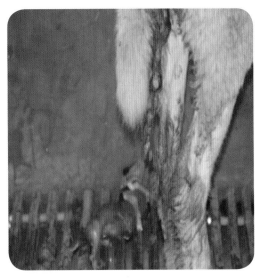

不足月胎儿流产

子叶水肿，胎儿皮下浸润变绿

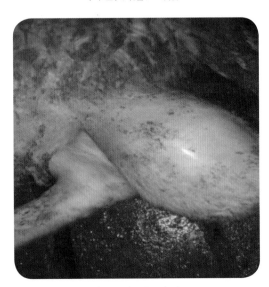

睾丸高度肿大

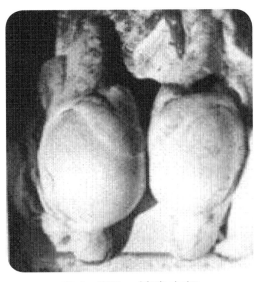

睾丸硬固，精索变粗

11. 如何防治羊李氏杆菌病?

羊患李氏杆菌病,表现为无目的乱跑、冲撞、转圈等神经症状,以脑膜脑炎、败血症和母羊流产为主要特征。

【临床症状】病初羊体温升高 1~2℃,随后下降至常温。

(1)败血型:羔羊发生急性败血症,病死率很高,且随年龄增长而下降。

(2)流产型:妊娠母羊常发生流产。

(3)脑膜炎型:临床常见,病羊目光呆滞,头低耳垂,不能随群活动;有的羊无目的地乱窜乱撞;舌麻痹,流鼻液;结膜发炎流泪,眼球突出,常向一个方向斜视,甚至视力丧失;头颈偏向一侧,走动时向一侧转圈,遇有障碍物以头抵靠不动;颈项强直,角弓反张;后期卧地不起、昏迷,四肢划动呈游泳状,一般 5 天左右死亡。

【剖检变化】病羊的脑及脑膜充血、水肿,脑脊液增多,稍浑浊。

【防治措施】

(1)预防:目前尚无满意的疫苗,主要防治措施是消灭鼠和圈舍消毒。

(2)治疗:大剂量应用磺胺类药物,肌肉或静脉注射,配合抗生素效果良好。对症治疗主要是镇静,降低颅内压和利尿等。常用 25% 葡萄糖 150 毫升、甘露醇注射液 30 毫升,静脉注射;樟脑磺酸钠、呋塞米,肌肉注射等。

病羊四肢运动障碍,站立不稳

病羊后躯运动障碍

病羊头颈弯曲，偏向一侧

病羊瘫痪，挣扎

病羊沉郁、卧倒、嗜睡

脑回充血、出血

12. 如何防治羊链球菌病?

羊败血性链球菌病是由 C 群兽疫链球菌引起的一种急性败血性传染病。患羊常以出血性败血性浆膜炎为主要特征。该病发生率高，传播快，死亡率高。

【临床症状】病羊流鼻流泪、关节肿胀，肺炎、肺粘连。

（1）急性型：羊突然发病，体温高达 41~43℃，粪便干燥，常咳嗽、打喷嚏、流鼻液，眼结膜潮红、流泪。1~2 天部分病羊出现多发性关节炎，跛行或不能站立。有的病羊出现神经症状。少数病羊的颈、背、四肢等部位皮肤呈广泛性充血，甚至有出血斑。病羊常在 1~3 天死亡，死亡率可达到 80%~90%。

（2）慢性型：常由急性型转来，病程长达 10 天以上。病羊表现症状比较缓和，体温时高时低，精神、食欲时好时坏，一肢或多肢关节肿大，跛行。有的羊消瘦衰弱，有的羊逐渐康复，有的羊则病情突然恶化而死亡。

【剖检变化】特征性病变是脏器广泛性出血，附着大量纤维素性渗出物，淋巴结肿大、出血；胸腔、腹腔积液；鼻腔内有红色泡沫，肺出血水肿，支气管及肺泡内充满泡沫；轻度纤维素性心包炎、胸膜炎、腹膜炎。肿大的关节囊内外有黄色胶冻样液体或纤维素性脓液。

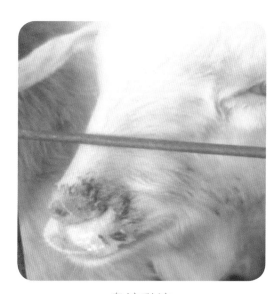

鼻流黏液

腕关节多发性肿胀

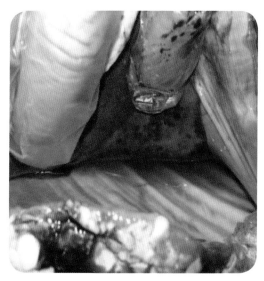

胸腔积液，肺出血

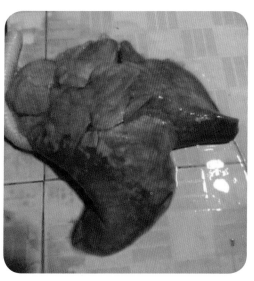

部分肺叶实变

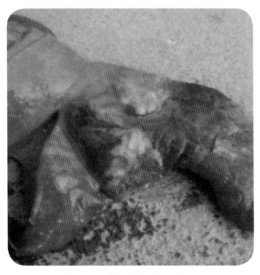

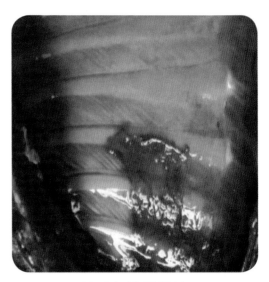

肺炎，肺叶粘连痕迹　　　　　　　　　　肺叶与胸壁粘连

【防治措施】

（1）羊败血型链球菌灭活苗，皮下／肌肉注射 5 毫升，免疫期 6 个月，每年春秋季节各免疫一次。

（2）加强管理，保持环境卫生，隔离病羊。

（3）青霉素 400 万 ~800 万单位或磺胺药，肌肉注射。小羊可内服磺胺药 5~6 克，必要时采用输液疗法。

13. 沙门菌病有哪些特征？

犊牛、羔羊临床出现腹泻病都比较棘手，沙门菌感染是其中之一。

（1）牛沙门菌病：牛沙门菌病病原是鼠伤寒沙门菌和都柏林沙门菌，主要症状是下痢。犊牛流行，成牛散发。犊牛出生后几天即大批发病，体温 40℃ 以上，精神沉郁，患急性肠炎，排灰黄色稀便，混有黏液和血液，有腥臭味，最后脱水死亡。病程 5~7 天，死亡率 33%~75%。成牛体温升高，排带血或有纤维素性絮片、恶臭稀便，脱水、消瘦，有腹痛。怀孕牛流产。

（2）羊沙门菌病：羊沙门菌病除了鼠伤寒沙门菌感染、都柏林沙门菌感染外，还有流产沙门菌感染。

排稀便，轻度血便

排稀便，血便明显

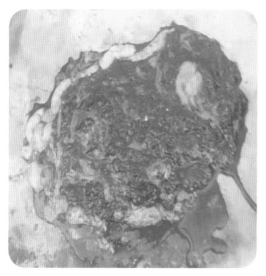

成年牛排稀便，带有肠黏膜

排稀便，轻度带血

排稀便，重度带血

肠道严重出血（血肠子）

①下痢型：病羊体温升高，精神沉郁，排带血、恶臭稀便，弓背卧地，1~5天死亡，死亡率约25%。剖检，出血性胃肠炎、肠黏膜水肿、肠系膜淋巴结肿大，肠内容物有血块。

②流产型：绵羊孕后期易发生流产或死胎，流产前病羊体温升高，或有腹疼症状。弱羔不能站立，几天内死亡，流产率可达60%。母羊在流产后或无流产的情况下也会死亡。

14. 大肠杆菌病有哪些特征？

大肠杆菌病是初生犊牛和羔羊罹患的一种急性传染病，临床以败血症和白痢为特征。如果混合感染轮状病毒，死亡率升高，也是棘手疾病之一。

（1）犊牛大肠杆菌病：分为败血型和白痢型。

①败血型：犊牛出生后几个小时，最迟也不超过2~3天发病死亡；最急性型犊牛未表现任何症状就突然死亡，尽管母牛是健康的。多数犊牛出现停止吮乳、精神高度沉郁后，几个小时就死亡；有的排水样下痢便，陷入脱水状态，也是1~2天死亡。

②白痢型：以排灰白色下痢便为特征。1~2周龄犊牛常大批发病，往往被淘汰；稀便呈黄色、灰白色、黑色糊状，有酸臭味和气泡，但稀便中不含血液和肠黏膜。多转为慢性型。

（2）羔羊大肠杆菌病：临床羔羊败血型急性死亡，肠型剧烈腹泻。

①败血型：2~6周龄羔羊多发，体温升高至41.5℃以上，精神委顿、结膜充血；有明显的神经症状，如运步失调、视力障碍、卧地磨牙、四肢划动呈游泳状；多于发病后4~12小时死亡。有些地区3~8月龄羔羊发病，很快死亡。剖检，胸腹腔心包积液，关节肿胀积液。

②肠型：7日内羔羊多发病，也称为"羔羊痢疾"，但不是"血肠子"。羔羊排黄色、灰色、带气泡、混有血液稀便，24~36小时死亡，死亡率达15%~75%。有时可见化脓性—纤维素性关节炎。

【剖检变化】皱胃、小肠、大肠内容物呈灰黄色，肠系膜淋巴结肿胀充血。

排灰绿色糊状稀便

排黄白色糊状稀便

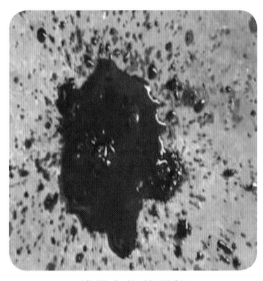

排黑色糊状稀便

黄色稀便有酸臭味和气泡

水样腹泻

犊牛腹泻、衰竭

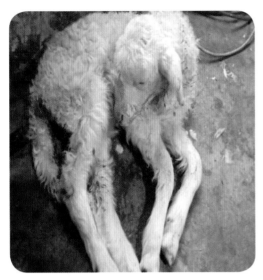
排稀便，虚脱衰竭

排黄褐色稀便

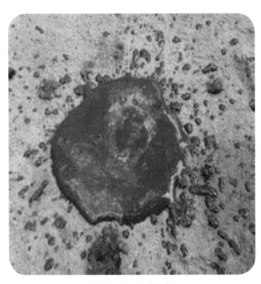
排棕黑色稀便

15. 如何防治脂痢性腹泻？

【临床症状】在临床上脂痢性腹泻是常见病，脂痢性腹泻与其他微生物引发的腹泻如何鉴别呢？

（1）脂痢性腹泻：顾名思义，是指饲料脂肪含量太高或肠道对脂肪成分的吸收率降低，导致剧烈腹泻；微生物造成的腹泻，主要包括病毒性腹泻、细菌性腹泻、寄生虫性腹泻等。

（2）病毒性腹泻：主要是黏膜病腹泻、剧烈腹泻，可导致牛羊生长缓慢。其他病毒病也有腹泻症状，如小反刍兽疫等。

（3）细菌性腹泻：主要见于梭菌病、沙门菌病和大肠杆菌感染等。

（4）寄生虫性腹泻：主要见于隐孢子虫感染，可导致新生犊牛腹泻。通过消化道感染，虫体常寄生在犊牛空肠及回肠并吸附在肠细胞微绒毛上，以6~17日龄犊牛多发病，4日龄犊牛死亡率可达30%。

（5）鉴别要点：

①精神状态：微生物引发的腹泻牛羊精神状态极差，脂痢性腹泻牛羊精神尚可。

②体温变化：微生物引发的腹泻牛羊体温明显升高，脂痢性腹泻牛羊体温不高。

③采食变化：微生物引发的腹泻牛羊采食减少废绝，脂痢性腹泻牛羊采食影响不大。

④粪便臭味：微生物引发的腹泻腥臭恶臭难闻，脂痢性腹泻牛羊臭味不大。

⑤粪便性质：微生物引发的腹泻含血液或异物，脂痢性腹泻没有。

⑥死亡情况：微生物引发的腹泻牛羊有较高死亡率，脂痢性腹泻牛羊无死亡。

【防治措施】由于引起犊牛、羔羊腹泻的原因复杂，故应采取综合疗法，包括抗菌消炎、涩肠止泻、健胃助消化、强心补液等。

（1）抗菌消炎：新霉素10~30毫克/千克内服，肌注10毫克/千克，每日2次。链霉素500国际单位/千克，每天分2次肌肉注射，连用3天。氟苯尼考：10~30毫克/千克，每天分2次肌肉注射。黏杆菌素、庆大霉素、磺胺类药物、喹诺酮类药物等均可应用。隐孢子虫引起的犊牛、羔羊腹泻，磺胺类药物有效。

（2）涩肠止泻：

①缓泻：对腹泻不严重病畜，为排出胃肠内容物，可用缓泻剂（盐类或油类缓泻均可）。

②吸附：对水样腹泻的病畜可口服活性炭，每头犊牛20~50克/次，每头1次，连用3天。每只羊每天口服10~15克活性炭。

③消炎：0.01%高锰酸钾水，每天饮水4小时，除臭消炎。

（3）健胃助消化：

①含糖胃蛋白酶8克，乳酶生8克，葡萄糖粉30克，混合成舔剂，每天分3次内服，临用时加入稀盐酸2毫升。

②胃蛋白酶3克，稀盐酸2毫升，龙胆酊5毫升，温开水100毫升，混合灌服。

③山楂、神曲、麦芽各15克，鸡内金9克，炒黄研末，加葡萄糖粉30克混合成舔剂，每天3次内服。

另外，助消化的药物还有胰蛋白酶、淀粉酶、乳酶生或干酵母等。

（4）强心补液：为了保护心脏，纠正水、电解质、酸碱平衡紊乱，可及时输液。常用 10% 葡萄糖、复方氯化钠、5% 碳酸氢钠、10% 樟脑磺酸钠、10% 氯化钾、5% 葡萄糖生理盐水等，必要时加入抗生素。

16. 如何防治羊坏死杆菌病？

羊坏死杆菌病是由坏死杆菌引起。该菌在自然界分布很广，在牛场、羊场、被污染的沼泽及土壤中广泛存在。羊群感染会造成死亡，后果严重。

【病因】坏死杆菌感染是主因。坏死杆菌主要经损伤的皮肤、黏膜侵入组织，也可经血液传播，形成继发性坏死病变。

诱因包括昆虫叮咬，饲喂粗硬尖锐草料，饲料中维生素不足、营养不良等，均可使牛羊易感病。

潜伏期为 1~3 天至 2 周，导致伤口厌氧感染、细菌局部增殖、分泌毒素、结缔组织大面积崩解和坏死。

【临床症状】

（1）腐蹄病：蹄部外伤感染，跛行，痂皮下组织坏死，严重者脱蹄。

（2）坏死性皮炎：体侧多见。初有痒感、脱毛，渐苍白，皮下组织大面积坏死，严重者破溃。

（3）坏死性口炎：羔羊流涎、口臭、厌食、黏膜坏死。

（4）坏死性乳腺炎：乳腺肿胀、发暗、组织坏死。

坏死性杆菌不仅侵害局部组织，而且易通过血液循环转移至肝脏等器官，引起坏死灶。

【防治措施】

（1）羊舍要清洁，定期消毒。

（2）清理栏圈内的尖锐异物，防止刺伤和扎伤。

（3）一旦发病，要及时进行局部清洗和消毒，坏死组织要彻底清除。必要时要配合全身疗法，如注射青霉素、头孢类药物、土霉素、磺胺类药物等，防止继发感染。

（4）重者要强心、解毒、补液等，可促进康复，提高治愈率。

坏死性皮炎，破溃流血

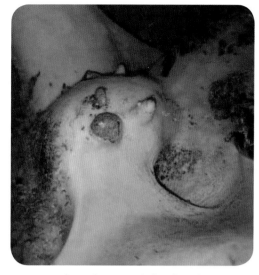

乳腺、会阴、腹部感染坏死

坏死性乳腺炎

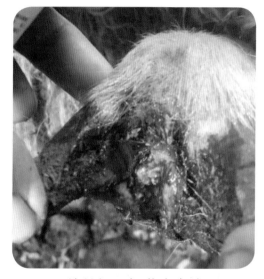

绵羊坏死杆菌病腐蹄

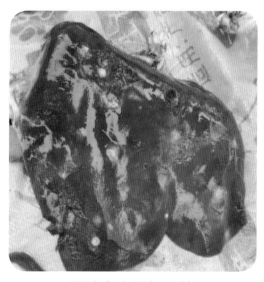

肝脏有少量坏死灶

肝脏有密集坏死灶

17. 如何防治传染性结膜—角膜炎？

传染性角膜—结膜炎又称流行性眼炎、红眼病，经常引发牛羊的地区性传播，多由细菌混合感染造成。

【临床症状】主要为急性传染，眼结膜与角膜先发生明显的炎症变化，角膜浑浊，几乎呈乳白色。有的两眼同时患病，但多数先一眼患病；有时一侧较重，另一侧较轻。

病初呈结膜炎症状，表现为怕光流泪，眼睑半闭；眼内角流出浆液或黏液性分泌物，不久则变成脓性分泌物；上、下眼睑肿胀、疼痛，结膜潮红，并有树枝状充血。

随后侵害角膜，呈现角膜浑浊和角膜溃疡，眼前房积脓或角膜破裂，晶状体可能脱落，造成永久性失明。

【药物治疗】

（1）点眼：选用 1% 硝酸银溶液、3% 硼酸溶液、抗生素溶液，点眼或冲洗。

（2）涂药：点眼后，可以用各种抗生素软膏涂抹。

（3）眼底封闭：实践证明，在没有化脓性眼炎时，做眼底封闭效果好。0.5% 普鲁卡因 10 毫升、地塞米松 1 毫升、青霉素 400 万单位，在颞窝处注射（羊减量）。

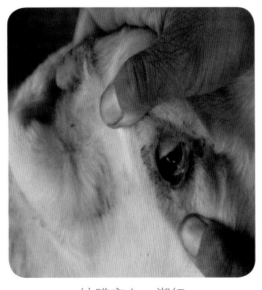

结膜充血、潮红

结膜炎羞明流泪

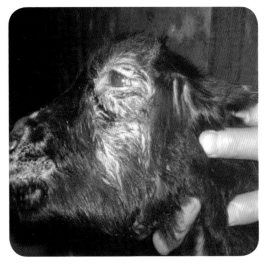

角膜炎，流脓性分泌物

结膜炎，分泌物结痂

角膜炎，角膜浑浊

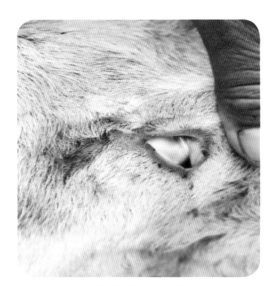

羊角膜浑浊，失明

18.如何防治羊衣原体病？

羊衣原体病是由鹦鹉热衣原体引起的绵羊和山羊传染病，以流产或多发性关节炎为特征。

【临床症状】妊娠母羊流产、胎衣不下、产弱羔或死羔，新生羔羊关节炎、脑炎、结膜炎，种公羊睾丸炎。

一般流产嗜衣原体是造成羊传染性流产的主因，主要感染羊的胎盘，产生炎症和组织损伤，导致流产。

【防治措施】

（1）疫苗接种：血清学呈阳性的饲养场，使用羊衣原体基因工程亚单位疫苗。后备母羊可以在配种前进行免疫注射，配种后 3 个月内加强免疫，以后每次配种后进行一次正常免疫；种公羊每年两次免疫注射；繁育母羊在每次配种后 3 个月内进行免疫注射。

（2）对流产母畜及其所产羔羊及时隔离、治疗。流产胎盘及排出物必须进行无害化处理。污染的圈舍、用具、场地、垫草等，采用 2% 火碱溶液、2% 来苏儿溶液或火焰喷射等彻底消毒。

（3）选用广谱抗生素，如强力霉素、罗红霉素等，肌肉注射。

大群羊经常流产和死胎

脑炎，呈现神经症状

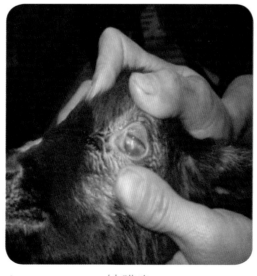

结膜炎

19.如何防治附红细胞体病?

附红细胞体病是嗜红细胞型的支原体感染所致，发病家畜主要以黄疸性贫血和高热不退为特征，严重时衰竭死亡。牛羊之间附红细胞体病不会互相传染，但绵羊感染附红细胞体会传给山羊，而不会传给其他动物。该病在羊群多呈隐性感染，营养不良、微量元素缺乏、患螨虫病、产生应激和虚弱的羊群易表现症状。

【临床症状】病羊在感染附红细胞体1~3周后发病，初期体温升高且高热稽留，精神沉郁；采食和饮水不停，但消瘦、高度贫血，病羔生长不良，可视黏膜苍白、黄染，有的下颌水肿。重者出现血红蛋白尿，最后衰竭而死。怀孕羊流产。

【诊断要点】病畜高热、贫血、黄疸、血红蛋白尿。

实验室检查：血液学检查显示血液稀薄，红细胞数量可减少3/4；尿液呈酱油样，内有血红蛋白；细胞表面和血浆中有大量呈星状、锯齿状、不规则的附红细胞体。

【防治措施】选用土霉素、强力霉素、替米考星等肌肉注射，连用3~4天，或用中药治疗。补充蛋白质、多维素和复合微量元素等。

结膜、巩膜贫血，苍白

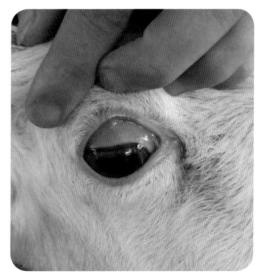

结膜、巩膜黄染

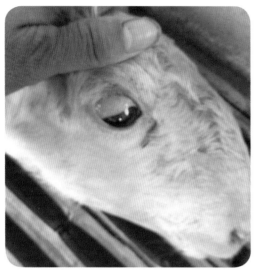

结膜、巩膜严重黄染

肝脏色淡，胆囊胀满

听诊器远离心脏仍能听到心音

血红蛋白尿呈酱油色

三、牛羊寄生虫病诊治技术

1. 如何防治脑包虫病?

脑包虫病,又称脑多头蚴病,由多头带绦虫的幼虫寄生于牛、羊脑和脊髓而引起,以脑炎、脑膜炎及神经症状为特征。

【流行特点】全年发病,以 9~12 月多发;2 岁以内牛、羊最易感;犬、狼、狐活动频繁的森林茂密地区多发病;污染严重的地区,发病率和病死率较高。

【临床症状】

(1)急性型:与脑炎症状相似,羔羊症状明显,如体温升高、呼吸急促,做前冲、后退或回旋运动。部分病畜在 1~3 天急性死亡,耐过者转为慢性型。

(2)慢性型:病畜行动迟缓,放牧时靠一侧行走,不跟群。继而精神委顿,不时做转圈运动,随病程延长转圈半径越来越小。根据寄生部位的差异,出现头下垂向前做直线运动,或头高举做后退运动等行为;站立或运动失衡,并伴有强制性痉挛;患部对侧眼睛失明,后肢麻痹,常衰竭死亡。

【剖检变化】急性死亡羊有脑膜炎和脑炎病变,还可见到六钩蚴在脑膜中移行时留下的弯曲痕迹。

慢性病例则可在脑、脊髓发现 1 个或数个大小不等的囊状多头蚴;病变部位的颅骨松软、变薄,致使皮肤表面隆起;病灶周围脑组织或较远的部位发炎。

【防治措施】对病死羊的脑、脊髓烧毁或深埋处理,防止被犬吃到;严格管理牧羊犬,防止犬便污染饲料、饮水。对护羊犬、羊群定期驱虫,每年 2~3 次。

(1)药物治疗:初期选用吡喹酮 75 毫克 / 千克,连用 3 天;阿苯达唑 50 毫克 / 千克,隔天一次,连用 3 次,效果较好。

(2)手术治疗:

①在前额区手术部位剪毛,用 2% 碘酒消毒,再用 75% 酒精脱碘,在骨质变软的部位做 U 形切口,切透皮肤及皮下组织,分离皮瓣并翻过,用巾钳或缝线加以固定。

头颈一侧偏斜，做转圈运动

神经症状：头颈后仰

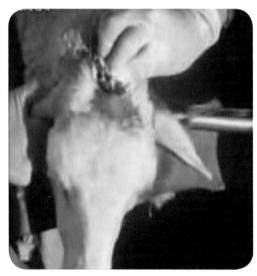

备皮：准备切开皮肤

打开颅骨，取出包囊

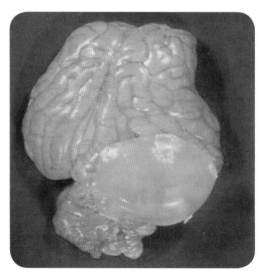

脑实质中的虫体包囊

②切开骨膜，露出骨质。切口长宽均为 2 厘米（注意切口开在低处，及时止血）。

③用圆锯在骨质上开一小孔，用力均匀，暴露脑膜；助手保定好动物。

④用套管针或注射针头避开血管，对准包囊位置刺入脑膜，发现有液体向外流出，尽量用注射器吸取，直至吸尽为止。如果抽不出时，在脑内注入 95% 酒精 7~8 毫升，即可杀死虫体。

⑤用蚊式止血钳捻转取出包囊，用止血纱布擦拭手术部，把骨膜拉平，遮盖圆锯孔，然后结节缝合皮肤，涂以碘酊。

手术后由专人保护羊头部。

2. 如何防治细颈囊尾蚴病？

羊细颈囊尾蚴病，即"水铃铛"病，是由泡状带绦虫幼虫——细颈囊尾蚴寄生于绵羊、山羊等的肝脏浆膜、网膜及肠系膜所引起，是一种绦虫蚴病。成虫寄生在终末宿主犬、狐、狼的小肠中。该病主要感染羔羊，使其生长发育受阻，体重减轻。当大量感染时，羔羊因肝脏严重受损而死亡。

本病在全国各地均有发生，羊发病多与犬密切接触有关。

【临床症状】羔羊表现症状明显。肝脏及腹膜有炎症，体温升高，精神沉郁，黏膜苍白并有黄疸。羔羊患腹膜炎时体温升至 40.0~41.5℃，按压腹部有腹水、疼痛，重者死亡。急性发作后转为慢性病程，一般病羊表现为消瘦、衰弱和黄疸等。

【剖检变化】在肝脏浆膜、网膜、肠系膜上可见多处多个乳白色囊泡，囊泡直径可达 3~5 厘米，甚至更大，即"水铃铛"。囊内充满液体，囊壁上有米粒大小的白色小结节，这就是细颈囊尾蚴的颈部和头结。严重时可在肺和胸腔处发现虫体；有时腹腔有积水，内有小囊尾蚴体。

【防治措施】

（1）预防：对含有细颈囊尾蚴的脏器进行无害化处理。

在该病流行地区及时给犬驱虫，可用吡喹酮（75 毫克 / 千克）或阿苯达唑（45 毫克 / 千克），一次口服。

注意捕杀野犬、狼、狐等肉食兽。保证羊饲料、饮水卫生，做好圈舍清洁工作，防止被犬便污染。

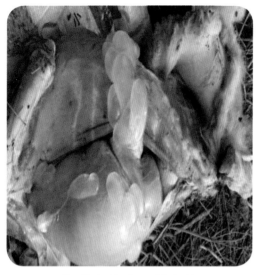

腹膜上的囊尾蚴虫体

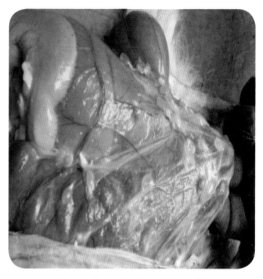

大网膜上的囊尾蚴虫体

十二指肠处的囊尾蚴虫体

肠管多处囊状积液

腹腔多脏器有囊肿

从腹腔收集的"水铃铛"

（2）治疗：左旋咪唑或丙硫苯咪唑 30 毫克 / 千克，一次口服，每天 1 次，连用 3 天；再改用口服吡喹酮 100 毫克 / 千克，一次口服，一天 1 次，连用 3 天。伊维菌素 0.1 毫克 / 千克，肌肉注射。以上口服都是空腹给药，粪便集中生物热处理。

3. 如何防治牛球虫病？

牛球虫病是由艾美耳属和等孢属球虫寄生于牛肠道而引起。犊牛对球虫的易感性高，成年牛常呈隐性感染，成为带虫者。2 岁内犊牛多发病，所以病情严重。

【临床症状】一般病牛吃草、反刍正常，只是突然出现粪中带血。

（1）急性病例：球虫寄生在大肠时，黏膜上皮大量破坏脱落，出血并形成溃疡；出血性肠炎、腹痛、血便中有黏膜碎片；1 周后细菌继发感染，则病牛体温可升高到 40~41℃；前胃弛缓、肠蠕动增强、下痢，病牛多因体液过度消耗而死亡。

（2）严重病例：病牛出现神经症状，肌肉痉挛颤抖，流涎磨牙，角弓反张，眼球震颤，甚至失明等。

【防治措施】

（1）预防：犊牛与成年牛要分群饲养，以免球虫卵囊污染犊牛饲料。病牛要与健康牛分开饲养。舍饲牛的粪便和垫草需集中消毒或生物热发酵。被粪便污染的母牛乳腺，在哺乳前要清洗干净。氨丙啉 5 毫克 / 千克，拌料，用药 3 周；莫能菌素 1 毫克 / 千克，拌料，用药 4 周。

（2）治疗：

①磺胺类药物：如磺胺嘧啶、磺胺 -5- 甲氧嘧啶、磺胺 -6- 甲氧嘧啶等。10%、20% 剂型，10 毫升 / 支，50 毫克 / 千克，肌注或静注，首次用量加倍，连用 3 天。

②止血：用止血敏、仙鹤草素等，肌注。

另外，加强营养，补充 B 族维生素。

犊牛因球虫失血而衰竭

粪便正常，但有少量血液

粪便带血较多

全血便，血液稀薄

血液和粪便融为一体

血便中带有黏液

排出少量鲜血

排出大量鲜血

4. 如何防治前后盘吸虫病?

病畜前后盘吸虫病是由前后盘科吸虫寄生于瘤胃而引起,因而又叫瘤胃吸虫病。

成虫寄生于瘤胃或网胃壁上,破坏黏膜;幼虫移行至皱胃、小肠、胆管和胆囊,重者死亡。

【临床症状】病畜瘦弱,被毛粗乱,精神沉郁,食欲减退,反刍停止,卧地不起。病畜眼部有大量分泌物,眼结膜、口腔黏膜苍白,无血色。下颌水肿,有的整个下颌浮肿。刺破水肿,有白色液体流出。病畜体温 37.9℃,多数有腹泻。

【剖检变化】

(1)病畜血液淡红色,稀薄如水,皮下脂肪呈胶冻样,颈部皮下有胶冻样物质,各脏器色淡。

(2)病畜瘤胃、真胃和瓣胃皱襞内有许多暗红色虫体,虫体肥厚、数量不等,呈深红色、粉红色。如将其强行从皱襞剥离,可见黏膜充血、出血或有溃疡灶。

前后盘吸虫会严重破坏病畜消化功能。

【防治措施】

(1)治疗:

①全群牛羊口服阿苯达唑、伊维菌素片。

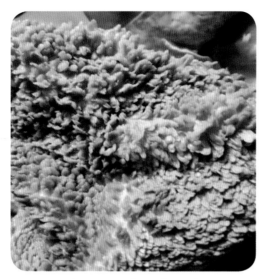

瘤胃黏膜有吸虫吸附

虫体清晰可见

黏膜严重脱落

②病畜肌肉注射氯氰碘柳胺钠，重者肌肉注射复方磺胺间甲氧嘧啶钠、头孢氨苄注射液、维生素 B_{12}。

③为增强抵抗力，防止继发感染，全群牛羊拌料喂服或口服黄芪多糖。

（2）预防：前后盘吸虫病羊感染率高，而且感染强度大。本病南方较多见，南方羊可常年感染前后盘吸虫病，北方羊主要在 5~10 月感染，多雨年份易造成本病流行。

每年 3~4 月、9~10 月可用阿苯达唑、伊维菌素片驱虫一次。常在低洼潮湿地区放牧的山羊，每 3 个月用阿苯达唑、伊维菌素片驱虫一次。

5. 如何防治绦虫病？

牛羊绦虫病是一种由莫尼茨绦虫为主的各型绦虫寄生于小肠内而引起的慢性、消耗性疾病，以渐进性消瘦、生长缓慢、水肿、腹泻为特征。

【临床症状】6 月龄以内羔羊易感。病羊食欲减退，饮欲增加，发育受阻；随着病情加重，病羊表现为腹胀腹疼、贫血下痢，粪便中混有成熟绦虫节片。由于虫体产生的毒素作用，病羊会出现痉挛、回旋、头部后仰等神经症状。有的病羊因虫体成团引起肠阻塞，产生腹痛，甚至肠破裂，常衰竭而死。

【剖检变化】病畜多见消瘦、贫血，小肠内有数量不等虫体，肠道阻塞、扭转或破裂。

【防治措施】

（1）定期驱虫：羔羊春季放牧后 30~35 天，在虫体成熟前进行第一次药物驱虫，10~15 天后再驱虫一次。成羊在放牧 50 天后进行驱虫，每年 2~3 次。驱虫药物可选择硫氯酚 100 毫克／千克，阿苯达唑 40 毫克／千克，氯硝柳胺（灭绦灵）60 毫克／千克，均为一次口服用药。

（2）切断传播途径：避免在低洼地，雨后、清晨及黄昏时间放牧；通过更新牧地、农牧轮作、种植牧草等消灭地螨，切断羊绦虫病的传播途径。

（3）粪便处理：驱虫后的粪便要堆积发酵；经过驱虫的羊群，要转移到没有污染的牧场放牧。

（4）用药治疗：硫氯酚 100 毫克／千克，阿苯达唑 40 毫克／千克，氯硝柳胺（灭绦灵）60 毫克／千克，计算好剂量后，三药混合一次口服。在第一次用药后 7~10 天，再重复用药一次。

同时加强营养和防治继发病。

牛粪便含有绦虫卵

羊粪便含有绦虫孕节片

较小绦虫体

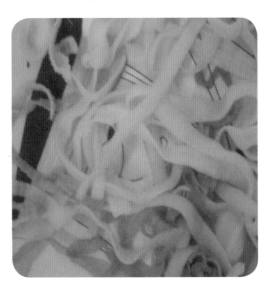

大型虫体

6. 如何防治羊捻转血矛线虫病？

羊捻转血矛线虫病是由捻转血矛线虫寄生于羊的真胃或小肠而引起。

【临床症状】病羊主要表现贫血、衰弱和消化紊乱等症状。羔羊多发病，常因一次大量感染虫体而突然死亡。多为亚急性型，如被毛粗乱，消瘦，精神萎靡；胃肠炎症，便秘或腹泻，消瘦，重者卧地不起；眼结膜苍白，下颌或下腹部水肿。病程可达 2~3 个月或更长，大多衰竭死亡。

下颌水肿

幽门口虫体呈地毯状聚集

【剖检变化】尸体消瘦,血液稀薄淡红,不易凝固,内脏水肿;真胃内见大量虫体,附着在胃黏膜上或游离于胃内容物中;胃黏膜上覆盖着一层地毯样暗棕色虫体,有的绞结成黏液状团块,有些还会慢慢蠕动;幽门口虫体最多。

【防治措施】

(1)驱虫:每年春秋季节各进行一次驱虫,或者冬季进行一次驱虫。本病发生严重的地区或羊群,在5~6月增加一次驱虫。羔羊在当年8~9月进行首次驱虫。

(2)管理:注意饲料和饮水卫生。放牧时,避开低洼潮湿地或避免吃露水草,以减少感染的机会。

(3)卫生:每年两次清理圈舍,将粪便堆积发酵处理,消灭虫卵和幼虫;圈舍适时药物消毒。

(4)治疗:左旋咪唑6~10毫克/千克,或阿苯达唑10~15毫克/千克,或甲苯咪唑10~15毫克/千克,混合精料喂服或灌服;或伊维菌素0.2毫克/千克,皮下注射。一次用药即可见效。

7. 如何防治羊双腔吸虫病?

羊双腔吸虫病又称为复腔吸虫病,是由双腔吸虫寄生于胆管和胆囊内所引起。该病在我国分布很广，特别是在北方牧区流行广泛，感染率高，绵羊发病重。

【流行特点】一年四季均可发病，夏秋两季多发，尤其是夏季多雨多螺季节更容易感染发病；羊吃了附着有感染性囊蚴的草而感染；各年龄、性别、品种羊均能感染，羔羊和绵羊病死率高；常呈地方性流行，放牧羊群发病较严重。

【临床症状】羔羊临床症状较为明显。急性感染时表现为精神倦怠、食欲减退、体质虚弱，放牧时离群落后；体温升高，出现轻度腹泻、黄疸，肝区有压痛表现，叩诊肝脏浊音区扩大。有的病羊在几天后死亡。

轻度感染则表现为黏膜黄染、苍白，眼睑、颌下、胸下及腹部水肿，有的病羊颌下水肿波及面部。

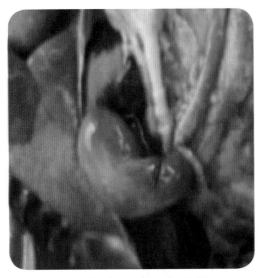
胆囊轻度肿胀，有虫体

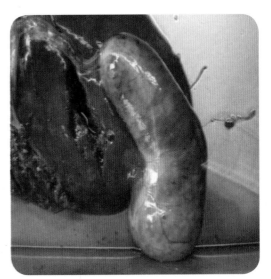
胆囊高度扩张，有虫体

双腔吸虫虫体

患病母羊乳汁稀薄，怀孕羊流产。有的病羊后期头向后仰、空口咀嚼、卧地不起，最后衰竭死亡。

【剖检变化】在肝脏及胆管中可发现棕红色、扁平的柳叶形虫体。虫体寄生多时，可引起胆管炎症，胆管周围组织增生。胆囊扩张，肝脏硬变肿大。

【防治措施】

（1）定期驱虫：每年2~3月和10~11月进行两次驱虫。最理想的驱虫药是硝氯酚，3~5毫克/千克，空腹一次灌服，每天1次，连用3天。或选用阿苯达唑、氯氰碘柳胺钠等，口服。

（2）粪便处理：驱虫后的粪便，要堆积发酵处理。

（3）加强管理：采取轮牧或者放牧与舍饲相结合的方式，消灭中间宿主（螺与蚂蚁）；适当延长舍饲时间，待牧草长到一定高度后再放牧，避免羊群啃食草根；养鸡，消灭蜗牛和蚂蚁等中间宿主。

（4）治疗用药：氯氰碘柳胺钠5~10毫克/千克，肌肉注射；或者口服吡喹酮75毫克/千克；或者口服丙硫苯咪唑45毫克/千克。

氯氰碘柳胺钠对绵羊双腔吸虫的驱杀效果好，且毒副作用相对较小，可作为驱杀双腔吸虫的首选药物。

8. 如何防治羊棘球蚴病？

棘球蚴病也叫囊虫病或包虫病，俗称肝包虫病，是一种由棘球蚴寄生于绵羊、山羊的肝肺中所引起的人畜共患寄生虫病。

由于蚴体生长力强、体积大，不仅压迫周围组织和导致功能障碍，而且易造成继发感染；如果蚴体包囊破裂，可引起过敏反应，甚至死亡。本病对绵羊的危害最为严重。

【临床症状】轻度感染和感染初期通常无明显症状；严重感染的羊，被毛逆立，时常脱毛，发育不良，肺部感染时有明显的咳嗽；咳后往往卧地，不愿起立；寄生在肝表面时，可有消化不良等症状。

【剖检变化】肝肺表面凹凸不平、增大，有数量不等的棘球蚴囊泡突起；肝实质中有数量不等、大小不一的棘球蚴囊泡；棘球蚴内含有大量液体；有时棘球蚴发生钙化和化脓。

结膜苍白，高度贫血

肝脏贫血，色淡

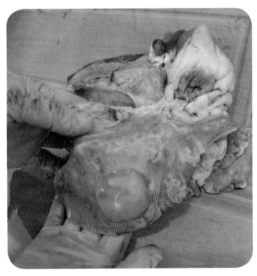
肺部有囊泡，有积液

剥离的有液体囊泡

肝脏棘球蚴囊泡钙化

【防治措施】

（1）保证饲料、饮水及圈舍卫生，防止被犬便污染。

（2）驱虫：每季度驱虫一次，氢溴酸槟榔碱 1~4 毫克 / 千克，禁食 12~18 小时后口服；吡喹酮 5~10 毫克 / 千克，口服。

（3）羊粪便、垫草、患棘球蚴病羊的脏器全部烧毁或深埋，以防被犬等肉食兽吃到，防止病原扩散。

（4）药物治疗：吡喹酮 75 毫克 / 千克，连用 3 天；阿苯达唑 50 毫克 / 千克，隔天 1 次，连用 3 次，效果较好。补充多维素、电解质及蛋白质。

9. 如何防治肝片吸虫病？

肝片吸虫病又称"肝蛭病"，是牛、羊吃了附着有囊蚴的水草而感染。肝片吸虫主要寄生在牛、羊的肝脏和胆管内，表现为慢性或急性肝实质和胆管的炎症或肝硬化，并伴有全身性中毒现象。该病常引起牛、羊的大批死亡，羊的死亡率更高。

【流行特点】 该病多发生在夏秋雨季，6~9 月高发；各年龄、性别、品种羊均能感染；羔羊和绵羊的病死率高；常呈地方性流行，在低洼和沼泽地带放牧的牛、羊群发病较严重。

【临床症状】 夏、秋季节时羊只营养良好，所以通常不表现症状。进入冬季以后，特别是春季羊营养状况不良时，很快表现症状。

羔羊即使寄生很少虫体，也能表现症状。一般绵羊体内寄生有 50 条以上虫体，才会表现出明显的临床症状。

（1）急性型：夏秋季（8~11 月）多发。病羊有轻度发热，被毛粗乱，食欲下降，腹胀，有时腹泻、黄疸、贫血，常常引起大批羊特别是羔羊死亡（急性肝炎或腹膜炎）。粪检时常查不到虫卵。

（2）慢性型：主要发生于冬春季节。病羊食欲不振，逐渐消瘦，被毛粗乱，贫血，黏膜苍白，便秘与下痢交替发生，粪便呈黑褐色；眼睑、颌下水肿；怀孕母羊往往发生瘫痪，甚至流产；母羊泌乳量显著下降。病羊常因极度衰竭而死亡。

下颌高度水肿

结膜苍白，贫血

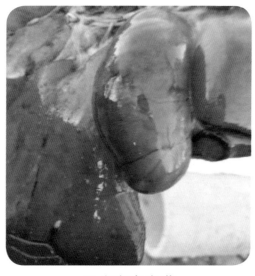

胆囊高度胀满

肝脏表面有暗紫色索状物

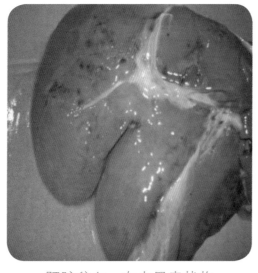

肝脏贫血，有少量索状物

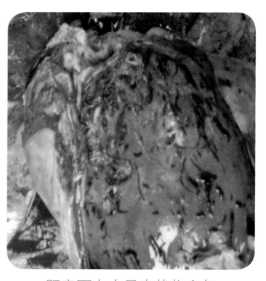

肝表面有大量索状物突起

【剖检变化】

（1）急性型：主要变化为黏膜苍白，腹腔充满血水，含有幼小虫体；肝脏肿大和充血，呈急性肝炎病变。由于虫体移行破坏微血管，引起出血，有时可见正钻入肝脏的幼虫；绵羊往往急性死亡。

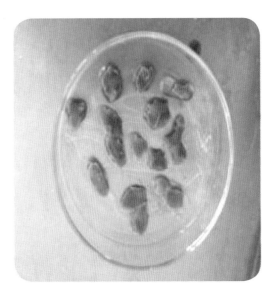

新鲜的肝片吸虫

（2）慢性型：肝脏增大、质地变硬，胆管扩大，充满灰褐色的胆汁和虫体；切断胆管时，可听到"嚓、嚓、嚓"声；由于胆管内胆汁积留，可以引起管道扩大及管壁增厚，触摸时感觉管壁厚硬，肝表面有灰黄色或暗紫色索状物。

【防治措施】

（1）预防：不在低洼潮湿有螺处放牧，及时清扫圈舍，粪便集中发酵处理。

对易感羊群每年进行 3 次驱虫。虫体成熟前 20~30 天驱虫（6 月），间隔 5 个月第 2 次驱虫（11 月），再间隔 2 个月进行第 3 次驱虫（1 月）。常用阿苯达唑 45 毫克/千克，内服。

曾经发生过肝片吸虫病且在水洼等地放牧的羊群，在 5~11 月每两个月注射一次氯碘醚柳胺或伊维菌素，预防肝片吸虫病。

（2）治疗：

①碘醚柳胺肌肉注射，每天 1 次，连用 2 次。

②伊维菌素一次注射。用药后，通过皮肤和黏膜观察贫血情况，症状未减轻的羊，10 天后可再用碘醚柳胺注射治疗。

③阿苯达唑 45 毫克/千克，一次口服；或三氯苯咪唑（肝蛭净）10 毫克/千克，一次口服。

10. 如何防治羊肺线虫病？

羊肺线虫病是由网尾科和原圆科的线虫寄生于呼吸器官而引起。网尾科线虫虫体较大，引起大型肺线虫病；原圆科线虫虫体较小，引起小型肺线虫病。

性黏稠鼻液

牛羊病诊治要点解析

流脓性黏稠鼻液

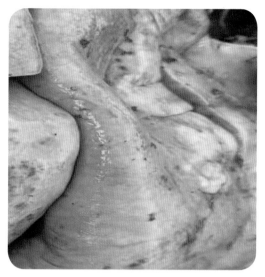

肺灰白，有白色隆起灶

【临床症状】病畜表现为咳嗽，尤其在清晨和夜间明显，多为阵发性，常咳出黏液性团块。病畜常以鼻孔中排出脓性分泌物，干燥后在鼻孔周围形成痂皮；贫血，头胸部和四肢水肿；呼吸加快或呼吸困难。羔羊和犊牛症状明显，严重者死亡。成年牛羊症状轻微。

【剖检变化】尸体消瘦、贫血。支气管中有黏液性、黏液脓性、混有血丝的分泌物团块，含有成虫、幼虫和虫卵。

肺脏小点出血

支气管黏膜浑浊、肿胀、充血，并有小出血点；支气管周围发炎，有不同程度的肺膨胀不全和肺气肿；在有虫体寄生的部位，肺表面稍有隆起，并呈灰白色，触诊时有坚硬感，切开时可见到虫体。

【防治措施】

（1）预防：在本病流行地区，每年春秋季节各进行一次驱虫。不要在潮湿的沼泽地区放牧。注意饮水卫生，不要让羊饮死水，要饮流水或井水。对粪便集中发酵处理。

（2）治疗：

①丙硫苯咪唑：羊5~10毫克/千克，一次口服，效果很好。

②左旋咪唑，羊8~10毫克/千克，一次口服。

③伊维菌素或阿维菌素，羊0.2毫克/千克，一次口服或皮下注射。

11. 如何防治羊脑脊髓丝虫病？

羊脑脊髓丝虫病是由指形丝状线虫和唇乳突丝状线虫的晚期幼虫（童虫），侵入脑或脊髓的硬膜下或实质中而引起。病羊后躯歪斜，行走困难，卧地不起，发生褥疮，食欲下降，消瘦、贫血而死亡。

【临床症状】

（1）急性型：发病急骤，神经症状明显。羊在放牧时突然倒地不起，眼球上翻，颈部肌肉强直或痉挛或颈部歪斜，呈兴奋、骚乱、空嚼及鸣叫等神经症状。急性抽搐过去后，如果将羊扶起，可见四肢强直，向两侧叉开，步态不稳，如醉酒状。当病羊颈部痉挛严重时，向斜侧转圈。

（2）慢性型：此型较多见，初期病羊无力，步态跛行，多发生于一侧后肢，也有两后肢同时发生的。病羊可继续存活，多臀部歪斜及斜尾；运动时容易跌倒，但可自行起立，继续前进，故病羊仍可随群放牧。母羊产奶量仍不降低。当病情加剧，病羊两后肢完全麻痹，呈犬坐姿势，不能起立，但食欲精神仍正常。病羊长期卧地，发生褥疮，食欲下降，逐渐消瘦，以致死亡。

【剖检变化】病变主要是在脑脊髓，蛛网膜有浆液性、纤维素性炎症和胶冻样浸润灶，以及大小不等、红褐色、暗红色或绛红色的出血灶，可发现虫体。

脑脊髓实质病变明显，可见由于虫体引起的大小不等、斑点状、线条状、黄褐色破坏性病灶，以及大小不同的空洞和液化灶。膀胱黏膜增厚，充满絮状物的尿液。若膀胱麻痹，则尿酸盐沉着，蓄积物呈泥状。

【防治措施】尽量早期诊断、早期治疗，以免虫体侵害脑脊髓实质，造成不易恢复的虫伤性病灶。

（1）海群生：又名乙胺嗪，50 毫克/千克，口服，隔日 1 次，2~4 次为一疗程。

（2）酒石酸锑钾：用 4% 酒石酸锑钾静脉注射，8 毫克/千克，注射 3~4 次，隔日 1 次。

（3）左旋咪唑：对 5 天内的病羊，按 8 毫克/千克配成 10% 溶液，皮下注射，早、晚各一次，疗效 100%。

后躯偏斜，一肢瘫软

两后肢瘫软

12. 如何防治疥螨病？

疥螨病又叫疥癣病、癞病，是由疥螨虫体寄生于牛羊的皮肤内而引起，以剧痒、脱毛、湿疹性皮炎和接触性感染为特征。

【临床症状】多发生于嘴唇、鼻子边缘及耳根等无毛或少毛部位。病羊皮肤剧痒，常在墙壁、木桩等处磨蹭或用后肢搔抓患部。患部皮肤出现丘疹、结节、水疱，甚至脓疱，以后形成痂皮和龟裂，局部皮肤增厚和脱毛。一般从局部开始，波及全身。

大群发病时，可见病羊身上悬垂着零散的毛束或毛团，呈褴褛状；毛束逐渐大批脱落，裸露出皮肤，若寒冷季节不能及时治疗，羊会出现大面积冻伤，衰竭死亡。

【防治措施】

（1）平时注意羊圈、用具的清洁卫生，注意通风，羊群不要过密，定期消毒。

（2）观察羊群中有无发痒和掉毛现象，一旦发现，及时隔离和治疗，以免互相传染。

（3）在每年夏季剪毛后，及时给羊药浴。

羊只脱毛，前躯裸露

大群羊脱毛

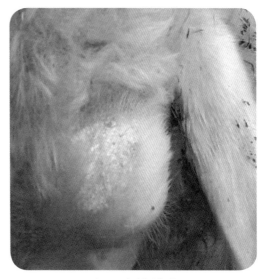

头顶疥螨结痂

眼眶上方结痂

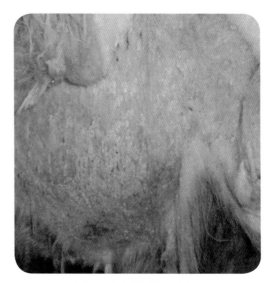

大面积皮肤裸露结痂

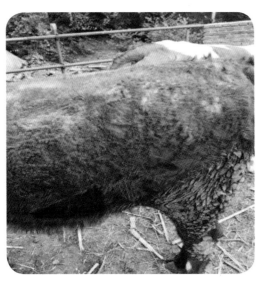

牛皮肤疥螨病

牛背部疥螨，结痂疮面

（4）用药治疗：

①涂药疗法：用于病羊发病少、患部面积小及寒冷季节。剪掉患部周围被毛，用温肥皂水彻底刷洗，除去痂皮和污物；用来苏儿刷洗、擦干；再用5%敌百虫水溶液（来苏儿5份溶于100份温水中，再加入5份敌百虫），涂擦患部。

②伊维菌素：羊0.2毫克/千克颈部皮下注射，间隔7天再用一次药。

③药浴疗法：适用于大群羊和温暖季节，防治兼顾。用0.025%~0.03%林丹乳油水乳剂、0.05%辛硫磷乳油水剂、0.05%蝇毒磷水乳剂等进行药浴。在药浴前应先做小群羊安全试验。

13. 如何防治焦虫病？

牛羊焦虫病是由蜱虫传播，泰勒虫引起的一种血液寄生虫病，以高热、贫血、黄疸和体表淋巴结肿胀为主要特征。焦虫病危害较大，会给牛羊养殖业造成巨大损失。

【临床症状】病羊体温达41℃以上，结膜初潮红，继而流泪；贫血、黄疸；采食减少至废绝，瘤胃蠕动减弱至完全停止。病初粪便干燥，后期腹泻；体表淋巴结肿大似核桃，尤以肩前淋巴结最为明显，触诊有痛感，多数一侧大，另一侧小；病羊迅速消瘦，精神委顿，低头耷耳，离群落后，直至衰竭而死。少数羊有血尿。

【剖检变化】肝脏肿胀黄染，胆囊明显增大，肾脏发黄、发黑、变硬，脾脏高度肿胀，真胃黏膜溃疡出血，肠管有坏死灶等。

【防治措施】灭蜱是预防本病的关键措施。

（1）栏舍的墙砖缝隙一定要封死。

（2）在春夏易发病季节，每隔半个月用3%敌百虫液或0.05%双甲脒药浴。

山羊高热，流泪

（3）搞好检验检疫，不从流行区引进羊只，新引进的牛羊隔离观察。

绵羊眼炎，精神沉郁

肩前淋巴结肿胀

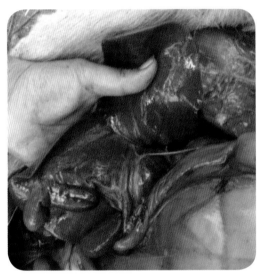

肝脏淡黄色

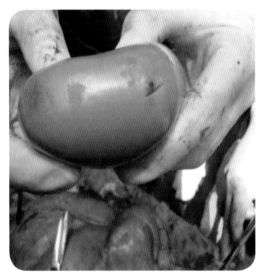

肾脏贫血、出血

脾脏高度肿胀

真胃黏膜溃疡

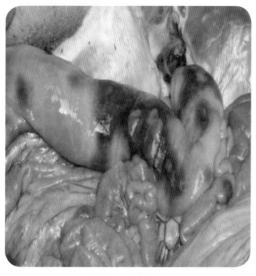

大段肠管坏死　　　　　　　　　　肠管坏死、穿孔

（4）用药治疗：

①三氮脒（贝尼尔、血虫净），5~7毫克/千克稀释成5%水溶液，深部肌肉分点注射，连用2~3天。

②咪唑苯脲：1~3毫克/千克，配成10%溶液，肌肉注射。休药期28天。

③配合使用抗生素，防止继发感染。

④重者强心补液，给予葡萄糖、三磷酸腺酐、樟脑磺酸钠等，以提高抗病力。

四、牛羊内科病诊治技术

1.如何防治口炎？

口炎即是口腔黏膜的炎症，多是由于牛羊缺乏维生素 B 而造成的，与饲养管理水平有很大关系。

【临床症状】

（1）流口水：牛羊不断地从口腔流出水样物或黏液，有时呈线状挂于口唇。

（2）局部变化：口腔内某处红肿、溃疡，甚至糜烂。

（3）咀嚼障碍：牛羊因疼痛而咀嚼缓慢，甚至吐草。

【诊断要点】诊断要点抓住三条：流涎，采食咀嚼障碍，口腔黏膜有炎症。

【防治措施】

（1）消除病因：维生素 B_1 3~10 毫升，肌肉注射，每天 1 次，连用 3 天。多喂些青绿多汁饲草。

（2）清洗口腔：选用 10% 盐水、3% 硼酸溶液、0.01% 高锰酸钾溶液，每天冲洗口腔 2~3 次。

（3）促进愈合：用 1% 鞣酸溶液冲洗后，再用冰硼散或磺胺明矾合剂（长效磺胺 10 克，明矾 3 克，共研粉末）撒于患部，每日 1~2 次，连用 3 天，可使口腔伤口收缩而痊愈。

轻度流口水

舌尖外露

口唇闭合不全

2. 如何防治异食癖?

牛羊吃土啃毛是临床常见病,又称异食癖,与环境、营养、内分泌、遗传因素等有关。通常认为主要是由于维生素、微量元素缺乏和氨基酸不平衡而造成的。

在冬季和早春,饲草青黄不接时的舍饲牛羊多发病。

【临床症状】牛羊吃平时不能吃的物质,喝平时不能喝的东西。例如,吃鸡粪、猪粪,吃泥土、沙石,吃鸡毛、塑料布等;喝泥水、脏水,甚至喝尿液;自己回头啃舔胸部、腹部、腿部的被毛,甚至是互相啃舔,有的局部被舔脱毛非常明显。牛舔毛、吃毛严重的,极有可能发生小肠毛球阻塞,绵羊发生"食毛症"。

牛羊表现消化不良,有的腹泻,有的表现高度敏感。

【防治措施】根据具体病因,采取相应措施。

(1)首先供给营养丰富的饲草饲料,补充鲜嫩多汁饲草,最好添加饲喂预混料。

(2)额外补充维生素和微量元素:复合维生素必须添加;食盐要占到饲料的0.5%~1%;重点补充铁、铜、锌、钴等生长素。

(3)健胃、助消化:胃蛋白酶10~30克 + 稀盐酸10~30毫升,加水适量,一次口服;山楂、神曲、麦芽各20克,煮水候温,一次口服;发酵面粉100克,温水浸泡1小时,取汁,一次口服。

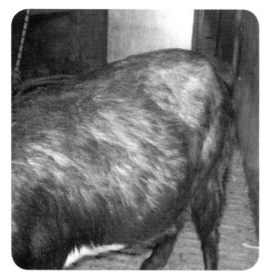

羊只互相舔毛，被毛稀疏

互相啃舔，皮肤大面积裸露

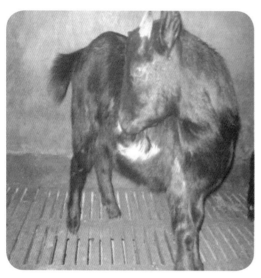

身体无毛处为自己啃舔所致

6月龄犊牛不停地啃舔铁片

大群牛互相舔毛

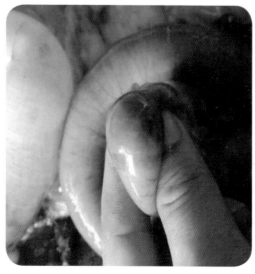

肠道内的硬固毛球

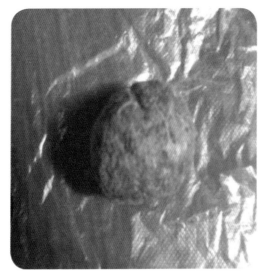
毛与内容物形成毛球

结块切开后是毛球

3. 牛"玩舌头"是怎么回事?

牛的舌头长且灵活,能从口腔的前方及犬齿和臼齿之间自由伸出口外,既能用长舌卷草送进嘴里吞咽,又能用舌头舔舐嘴唇和鼻镜上的各种残渣和异物。

在临床生产中发现,牛在缺乏某些营养成分时,特别是犊牛,经常出现舌头进出口腔的现象,久而久之便会形成不良癖好。牛一直把舌头吐出来玩耍或舔食异物,养殖者称为"玩舌头"。

【病因】 "玩舌头"的病因复杂。

(1)缺钙:区域性土壤缺钙,致使作物缺钙,进而导致牛只缺钙;或母牛钙不足出现低钙奶,犊牛也出现缺钙。缺钙就出现了异嗜乱舔,久之形成习惯性"玩舌头"。

(2)缺乏维生素和微量元素:牛缺乏维生素和微量元素时,经常伸出舌头舔舐牛槽、铁板、栏杆、墙壁、用具等,久之形成"玩舌头"。

(3)赤羽病:初生犊牛张嘴困难、吃奶困难、呱唧嘴、玩舌头等,这些都是神经症状。剖检发现,病牛大脑萎缩、脑室积水,与赤羽病都有密切关系。

(4)浮肿型巴氏杆菌病:常在颈部、咽喉部及胸前的皮下结缔组织出现炎性水肿,初期有痛而发硬,后期无热无疼;舌肿胀而伸出齿外,有时不停摆动,呈暗红色。初生犊牛出现该症状,则与母牛孕期疫苗免疫不到位有关。

（5）李氏杆菌病：病牛表现典型的神经症状，做转圈运动，乱冲乱撞；有的牛遇障碍物则低头站立，颈部僵硬；有的牛会出现头颈一侧麻痹和咬合肌麻痹；有的牛会有角弓反张，舌伸出后而不能收回，长时间露在外面。

（6）舌根部有异物：牛在吃秸秆时，有可能会被扎刺，因此，会经常伸出舌头以缓不适。

【防治措施】目前对于赤羽病既无疫苗，又无特性药物，可选用头孢类、青霉素、链霉素、磺胺类等药物治疗。

笔者发现，一些病牛在补充所缺乏的营养成分后症状明显减轻，特别是补钙和添加锌、硫、铁、铜、锰、钴等复合微量元素后有效果。

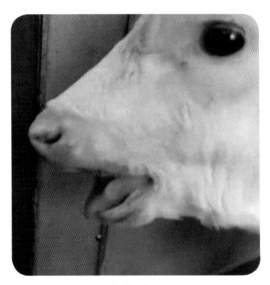
张嘴伸舌

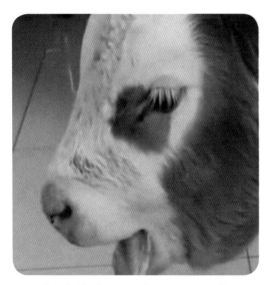
初生犊牛不能吃奶，呱唧嘴

伸舌卷舌

使用预混料和挂舔砖，可以给病牛补充钙质和微量元素、维生素。一些有异食癖的病牛，在有玩舌表现时人为制止或佩戴笼头，使舌不能伸出口外即可。

4. 什么原因造成牛"木舌症"？

牛"木舌症"即舌麻痹，是指舌长时间伸出口外，而不能自行缩回。病牛想吃草而吃不到嘴内，把草塞入口腔咀嚼也受限。牛体温、脉搏、呼吸、精神均正常。有的舌体肿胀，针刺舌体不敏感，但针刺左、右颊部及上下唇均有疼痛感。虽然有的牛舌体肿胀，伸出口外，但针刺非常敏感，只是缩回受限制。

【病因】

（1）舌体炎症：天气炎热，吃草饮水不足，导致维生素 B 缺乏；或因粗硬草料、异物刺伤舌体，感染发炎，致使舌体肿大。此时牛舌肿硬，伸出口外，伸头流涎，采食困难，欲吃而不能，欲饮而不进，舌形如木杆，所以叫木舌症。

（2）异物缠绕：牛舌背侧乳头呈反向排列，如倒刺且较坚硬。若塑料绳进入口腔，极有可能缠在舌根部，致使舌体充血、肿胀、淤血。舌体伸出口外，呈黑紫色。

（3）放线菌肿：牛羊易发生放线菌肿病，多在上颌骨、下颌骨、下颌支骨、下颌间隙等处发生慢性、增生性硬固肿胀。特别是下颌间隙处的硬肿可压迫到支配舌体的舌下神经和舌咽神经，舌发生淤血、肿胀，而伸出口外不能缩回，发生"舌麻痹""木舌症"。

【防治措施】

（1）中药疗法（牛用量）：

①黄连散：黄连 25 克、郁金 50 克、连翘 40 克、玄参 50 克、大黄 50 克、黄芩 40 克、牛蒡子 50 克、桔梗 25 克、赤芍 25 克、金银花 50 克、薄荷 40 克、甘草 25 克，共研细末。开水冲后候温，加入蜂蜜 200 克、鸡蛋清 5 个，一次灌服，每天 1 次，连用 3 天。

②五味消毒饮：金银花 50 克，野菊花、紫花地丁、紫背天葵各 20 克，水煎后去渣，候温，加黄酒 200 毫升灌服。

③青黛散：青黛、黄连、黄柏、薄荷、桔梗、儿茶各等份，共研细末，装瓶备用。用时以药末一茶匙装入纱布袋内，用水浸湿，噙于病畜口中。

（2）针灸疗法：通关穴放血，配合药物治疗。

舌肿胀，不能缩回　　　　　　　　　　　放线菌肿，致木舌症

（3）现代疗法：牛患口炎时，用0.1%高锰酸钾洗涤口腔，涂以碘甘油；肌肉注射青霉素、链霉素。

5.如何利用"三不""四不"特点诊断胃肠病?

（1）利用"三不"特点诊断左侧胃病。所谓"三不"，是指病畜吃草不正常，喝水不正常，反刍不正常，但一般粪便未出现明显变化。前胃弛缓、瘤胃积食、瘤胃臌气、瘤胃炎、创伤性网胃炎、创伤性网胃—腹膜炎、创伤性网胃—心包炎等，都可以表现"三不"症状。通常腹腔左侧胃疾病即瘤胃和网胃出了问题，会导致"三不"症状。

掌握了"三不"基本特征后，我们就可以进一步缩小诊断范围，重点检查瘤胃和网胃，结合临床特征快速诊断。

（2）利用"四不"特点诊断右侧胃肠病。所谓"四不"，是指病畜吃草不正常，喝水不正常，反刍不正常，粪便不正常。其中，重要的是出现粪便不正常，包括粪便发黑、发黄、发绿、发灰、带血，腹泻，排黏液，排虫卵虫体，不排便或排珠状便等。瓣胃梗死、真胃溃疡、真胃变位、真胃扭转、真胃积食、捻转血矛线虫病、肠便秘、肠套叠、肠扭转、肠炎、沙门菌病、大肠杆菌病等，均会导致"四不"症状，均是腹腔右侧胃和肠道（即瓣胃、真胃和肠道）出了问题。

掌握了"四不"基本特征后，我们就可以进一步缩小诊断范围，重点检查瓣胃、真胃和肠道。其中，粪便形状、颜色、气味、黏稠度则是临床鉴别诊断的依据，应仔细观察。

6. 如何防治前胃弛缓？

前胃弛缓是牛羊常见病，也是消化系统的基础病。由于长期饲喂过粗或过细的饲草、单一饲料，应激或伴发其他疾病时，支配瘤胃的神经机能发生紊乱，致使瘤胃兴奋性和收缩力降低而发病。

【临床症状】一般体温、呼吸、心跳正常；采食减少，反刍次数和咀嚼时间减少，瘤胃轻度臌气；听诊瘤胃蠕动次数减少，蠕动持续时间变短，即"音弱波短"；触诊按压瘤胃松软有凹陷，左腹部下垂；病初粪便无变化。

【防治措施】"三不"症状明显，瘤胃弹性降低，蠕动音弱波短，内容物不充满。
治疗原则：消除病因，促进蠕动，恢复胃壁紧张性，对症治疗。

（1）清理胃内容物：

①缓泻：清理胃内轻度发酵的内容物，改善胃内环境。牛羊常用石蜡油20~300毫升、硫酸镁20~300克，加适量温水，一次灌服。

②洗胃：将导管插入瘤胃内，灌入温水，再吸出。如此反复操作，将胃内容物吸出一半即可。用0.01%高锰酸钾水洗胃效果更好。

（2）兴奋瘤胃蠕动：

①碱醋疗法：碳酸氢钠300克（羊30克）、食醋200毫升（羊50毫升），分别灌服。

② 0.05%硫酸新斯的明10毫升（羊2毫升），皮下注射，兴奋迷走神经；2%毛果芸香碱3毫升（羊0.5毫升），皮下注射；维生素$B_1$20毫升（羊2~3毫升），肌肉注射，有利于瘤胃蠕动。

（3）对症治疗：

①瘤胃轻度臌气：用20%鱼石脂酒精100毫升（羊15毫升）、芳香氨醑60毫升（羊15毫升）、薄荷水40毫升（羊10毫升），一次灌服。

②恢复阶段：灌服健牛瘤胃液，接种微生物菌群，促进反刍。

| 异物导致瘤胃弛缓，反复发生臌气 | 瘤胃内取出的塑料布 |

③病情加重：10% 促反刍注射液 500 毫升（羊 50 毫升）、10% 葡萄糖酸钙 500 毫升（羊 50 毫升）、10% 葡萄糖 1 000 毫升、10% 樟脑磺酸 15 毫升（羊 3 毫升），静脉注射，每天 1 次，连用 2~3 天。

④自体中毒：输液时再加 5% 碳酸氢钠 500 毫升（羊 20 毫升）或胰岛素 100 单位（羊 10 单位），皮下注射，效果较好。

7. 如何防治瘤胃积食？

瘤胃积食是由于瘤胃内充满大量粗质干硬的饲草，胃壁受压迫、紧张性降低，而引起的瘤胃运动消失、消化机能紊乱疾病。

【临床症状】 "三不"症状明显，但体温、心率、呼吸变化不大；腹围增大，特别是左侧腹部明显；触诊瘤胃有坚实感，手指按压留痕且不易消失；频繁做排便动作。

【防治措施】

（1）洗胃：用淡盐水或 0.01% 高锰酸钾水，反复洗胃。

（2）竣泻：牛——硫酸镁 500~800 克、石蜡油 500~1 500 毫升，一次灌服；或者猪油 500 毫升，熬开候温，一次灌服。羊——硫酸镁 50 克、石蜡油 60 毫升，一次灌服。

（3）手术：保守疗法无效时，及早进行瘤胃切开术。手术是解决积食的最好方法，一般保守疗法3天无效的，立即手术。

给牛羊喂食未晒干的植物秧蔓，易发生积食

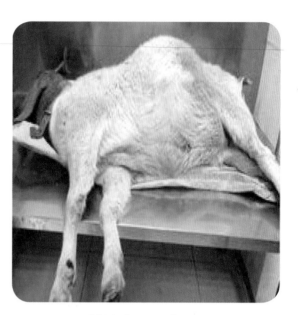

触诊瘤胃坚实

病羊精神高度沉郁

瘤胃内容物硬固

8. 如何防治急性瘤胃膨气?

急性瘤胃膨气是由于瘤胃内容物在微生物的作用下，或迅速发酵产气，或产生排气障碍，致使大量气体积聚于瘤胃而发病。

【临床症状】病畜"三不"症状明显；腹围增大，特别是左侧腹部明显；拍打瘤胃似打鼓，触诊有弹性；病畜有腹疼症状，表现不安、呻吟、摇尾、踢腹、起卧不宁；重者呼吸困难，心音快且弱；头颈前伸、前肢叉开，常因心肌麻痹和窒息而死亡。

如果是继发性瘤胃膨气，多见于食道梗死、某些传染病等。

【防治措施】

（1）急性瘤胃膨气：用瘤胃穿刺针，按常规穿刺瘤胃，缓慢放气；胃导管从口腔插入食道，再进入瘤胃，缓慢放气；止酵：选用20%鱼石脂酒精120毫升（羊20毫升）、松节油50毫升（羊10毫升）、乳酸30毫升（羊5~10毫升），灌服。临床常用鱼石脂酒精。

（2）泡沫性瘤胃膨气：多是采食了鲜嫩豆科饲草，饲草和气体均匀地掺和在一起膨气，而且难以放气。

熟豆油1000毫升（30毫升）、松节油50毫升（羊10毫升），混合内服；豆油炸旱烟叶，滤汁候温灌服；2%聚合甲基硅煤油溶液100毫升（羊10毫升），一次内服；氧化镁200克（羊20克），加水内服。

左侧瘤胃膨胀   因膨气使双侧腹围膨大

口含椿木棍可消气

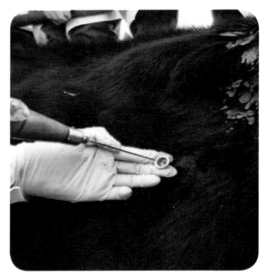
紧急时，瘤胃穿刺放气

洗胃效果好

瘤胃手术：解除泡沫性臌气

9. 牛羊精料中毒了怎么办？

　　牛羊一次性采食了过多的玉米、小麦、大豆、高粱、食油等精料，会造成瘤胃酸中毒，以前叫做过食精料型瘤胃积食，但它又不是积食，现改为精料中毒。

　　牛羊一次性采食了大量精料，增加了瘤胃容积，瘤胃过度胀满，就会压迫胃壁神经导致分泌和蠕动紊乱。一般在2~6小时后，瘤胃内牛链球菌、乳酸菌等迅速繁殖。它们利用碳水化合物而产生大量乳酸、挥发性脂肪酸等，使瘤胃 pH 下降至 5 以下，此时胃内正常的溶解纤维素细菌和原虫则被抑制。乳酸增多，胃内渗透压升高，水分从全身循环进入瘤胃，导致血液浓缩、脱水、瘤胃积液。同时部分乳酸被吸收，形成酸中毒。

【临床症状】牛羊采食含淀粉类饲料越丰富，症状越严重。发病初期"三不"症状明显；发病中期瘤胃蠕动消失，瘤胃胀满，胃内有气体积聚；发病后期腹泻，粪酸臭，高度脱水，眼球下陷，出现神经症状。心率100次/分以上，呼吸浅而快，体温下降，有的出现蹄叶炎，终因衰竭而死亡。

【防治措施】

（1）祛除病因：早期及时洗胃，用1%小苏打溶液反复洗胃，尽可能把胃内容物冲洗干净。

（2）强心补液：10%葡萄糖1 000毫升，复方氯化钠1 000毫升，生理盐水1 000毫升，10%葡萄糖酸钙800毫升，10%氯化钾30毫升，10%樟脑磺酸钠20毫升，静脉注射，每天1~2次（羊减量）。

（3）纠正酸中毒：静注5%碳酸氢钠1 000毫升，或内服小苏打200克。为促进乳酸代谢，可肌注维生素B_1 0.5克（羊减量）。

（4）恢复胃功能：为促进毒物排出，在保障不脱水的情况下，可以缓泻；病畜症状稳定而瘤胃仍无蠕动音时，使用瘤胃神经兴奋剂2%毛果芸香碱3毫升（羊0.5毫升），皮下注射。

10. 牛创伤性网胃—腹膜炎怎么处理？

牛吃草时经常把金属异物误吃进网胃，网胃壁紧贴腹膜，所以一旦铁钉、铁丝、针状物穿破瘤胃壁，就会发生创伤性网胃—腹膜炎。

【临床症状】病牛食欲减退，反刍无力或有疼痛感，瘤胃蠕动减弱；弓背，腹肌紧张，甚至肘肌震颤；用手提起鬐甲部皮肤，病牛马上疼痛不安、背部下凹，这叫鬐甲反射阳性；上坡容易，下坡则横向运动，目的是减轻疼痛，这叫上下坡运动阳性；网胃区触诊，病牛躲闪。

【防治措施】

（1）保守疗法：常用头孢类药物、庆大霉素等注射，控制炎症发展，防止局部粘连；再用健胃助消化药物，如干酵母、胃蛋白酶、健胃健脾中药，尽量催肥处理。

（2）手术疗法：常规打开腹腔，做左侧腹腔探查。术者探摸网胃局部，如有粘连尽力剥离，出血明显时用灭菌大纱布按压止血；如摸到金属异物，立即拔出。剥离开的粘连处涂布土霉素软膏，或腹腔注射 0.5% 普鲁卡因 200 毫升 + 庆大霉素 200 万单位（羊减量）。

腹膜炎：网胃和腹壁粘连

如果局部粘连，但摸不到金属异物的，要做瘤胃切开术。瘤胃腔探查，重点探查网胃，将所有的金属异物、沙石等全部取出，常规闭合瘤胃壁和腹壁。

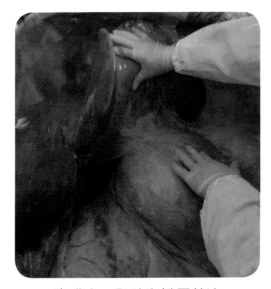

腹膜炎：肝脏和瓣胃粘连

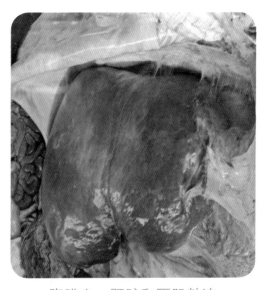

腹膜炎：肝脏和膈肌粘连

11. 牛创伤性网胃—心包炎是怎么发生的？

牛经常将尖锐金属异物吃进网胃，发生创伤性网胃—心包炎的概率比较大。

【病因】

（1）牛只采食是用舌头把草大把卷进口腔，由于没有上牙，不经咀嚼就咽下，所以金属异物很容易吃进去。

（2）网胃是左右和前后收缩，而且是网胃后壁向前用力收缩。这样就把金属异物直接向前推送，如果针尖是向前的，就易扎在网胃前壁上。

（3）网胃前壁紧靠膈肌，膈肌紧靠心包、心脏，距离2~3厘米。所以在网胃收缩时，金属异物易扎进心包内，引发心包内感染、积液、粘连、增生，这就是创伤性、增生性网胃—心包炎。

胸前水肿

胸前大面积水肿

下颌水肿

颈静脉怒张

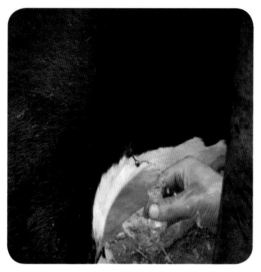
心包穿刺：流出大量液体

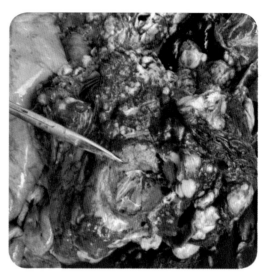
切开增厚的心包，显露心肌

【临床症状】病牛"三不"症状明显，站多卧少且卧下时非常痛苦、谨慎；瘤胃轻度臌气；触诊网胃区时病牛因疼痛而躲闪，鬐甲反射阳性，上下坡运动阳性；下颌、胸前水肿；颈静脉怒张；心包穿刺有淡黄色或浑浊液体流出。

【处理】目前对于牛创伤性网胃—心包炎，只能打开胸腔，做部分心包剥离术，但不能治愈，所以一般是淘汰病牛。

12. 牛粪便干硬如算盘珠状是什么病？

牛粪便如算盘珠状是瓣胃梗死的主要特征。瓣胃梗死又叫"百叶干"。瓣胃小叶最大的一级叶有12~14片，一侧附着胃壁，一侧游离；内有二级、三级小叶，最后是线状小叶；瓣胃半球的下方是瓣胃沟，直接通真胃。粗糙的反刍食物，经叶面角质乳头磨合而变碎变细。流质而细软的食物，直接自瓣胃沟进入真胃。正常的瓣胃内容物较干燥，呈生面团状，梗死时坚硬如木，似篮球大小。

【临床症状】

（1）病牛"四不"症状明显，采食减少至食欲废绝，反刍减少到反刍停止，特别是粪便呈饼状或算盘珠状，少量排出。

（2）鼻镜干燥、龟裂，空嚼、磨牙、呻吟，时有疼痛反应。

（3）呼吸浅表，心率加快，但体温正常。

（4）眼窝下陷，结膜发绀，反应迟钝，口唇有泡沫，这是明显的自体中毒特征。

【防治措施】治疗原则：增强前胃功能，排出内容物，防止自体中毒。

（1）兴奋运动：2% 毛果芸香碱 2~3 毫升（羊 0.5 毫升），皮下注射。

（2）促进排出：硫酸镁 500 克（羊 30 克），常水 5 升，一次灌服；重者加石蜡油 1 000 毫升（羊 50~100 毫升），一次灌服。

（3）瓣胃注射：硫酸镁 300 克，油 500 毫升，普鲁卡因 2 克，庆大霉素 100 万单位，常水 3 升，缓慢注于瓣胃。第二次注射时避开原穿刺点（羊减量）。

（4）及时手术：行瘤胃切开术，对瓣胃进行冲洗，实践证明是最有效的治疗方法。

脱水，流口水，自体中毒

粪便干硬，如算盘珠状

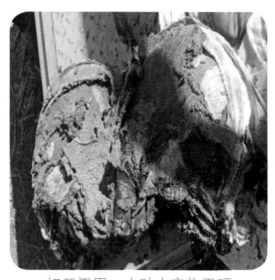
切开瓣胃，小叶内容物干硬

13. 如何防治牛皱胃积食？

皱胃积食是迷走神经调节机能发生紊乱，导致皱胃内容物积滞，胃壁扩张，形成阻塞。本病临床常发，又易继发瓣胃梗死。

【临床症状】

（1）"四不"症状明显：采食减少至食欲废绝，反刍减少到反刍停止，特别是排出少量黑色、血性、有黏液的稀便。因为便量少，尾巴摆动时将稀便粘连在两侧的坐骨结节上，形成粪痂。

（2）右下腹凸出下垂，冲击式触诊时能触及硬固扩张的真胃。

（3）直肠检查，可触摸到扩张的真胃后缘。

（4）病牛呼吸浅表，心率加快，结膜发绀；精神沉郁，流口水，自体中毒明显；体温正常。

【防治措施】

（1）消积化滞：硫酸钠300~500克、植物油500毫升，常水5 000毫升，最好瓣胃注射（羊减量）。

（2）防腐止酵：30%鱼石脂酒精40毫升，内服（羊减量）。

（3）缓解痉挛：主要是缓解幽门括约肌痉挛。乳酸10毫升、25%硫酸镁500毫升，瓣胃注射（羊减量）。

（4）强心补液：10%氯化钠500毫升、复方氯化钠1 500毫升、10%樟脑磺酸钠20毫升、5%葡萄糖生理盐水2 000毫升，一次静脉注射（羊减量）。

病牛流涎，自体中毒明显

（5）手术疗法：采用瘤胃切开冲洗疗法，或行真胃切开术。

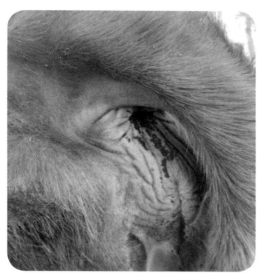

病牛举尾，排少量黑色稀便　　　　病牛两侧坐骨结节粘有粪痂

14. 如何防治牛真胃变位？

近年来牛真胃变位发病越来越多，特别是奶牛。真胃变位是引起消化机能障碍的一种常见内科疾病，临床症状为慢性消化紊乱。

牛分娩后真胃弛缓，有应激因素存在时即可发病。牛皱胃变位包括左方变位和右方变位两种。左方变位是指真胃自右侧腹腔通过腹底部，移至左方腹壁与瘤胃左纵沟之间；右方变位实为真胃自身的扭转，是真胃从正常的解剖位置以顺时针方向扭转到瓣胃的后上方，位于肝脏和腹壁之间。左方变位发病率高，右方变位病情严重。

【诊断要点】

（1）左方变位："四不"症状明显；高产牛分娩后多见；左方最后3根肋骨处膨大，此处听、叩诊结合，可有金属音（钢管音）；穿刺液 pH<4、无纤毛虫；部分牛有食欲，粪便稀。

（2）右方变位："四不"症状明显；牛突然发病，腰背下沉；排黑色稀便，混有血液；右腹肋弓后下方膨胀，冲击式触诊有振水音；听、叩诊有金属音；真胃液多为淡红色或咖啡色，pH 3.0~6.5，脱水严重，眼球下陷；直肠检查，能触摸到膨胀且紧张的真胃。

【防治措施】左方变位及时手术效果好，延迟手术易发生局部粘连而被淘汰；右方变位应立即手术。

真胃左移，频频举尾

左侧后第3肋骨部突出

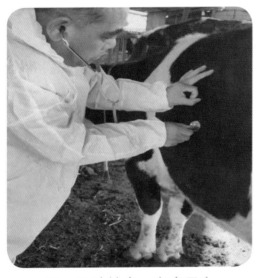
听、叩诊结合，有金属音

右方变位真胃积血

15. 如何辨别和治疗肠便秘和肠套叠？

肠便秘和肠套叠牛羊高发，二者容易混淆。

【临床症状】

（1）肠便秘："四不"症状明显，突然发病，剧烈腹疼，右方有振水音，弓背举尾，不时努责，不排便；严重努责的，排出少量黏液。

（2）肠套叠："四不"症状明显，突然发病，剧烈腹疼，右方有振水音，凹腰举尾，不时努责，排血便。

【剖检变化】

（1）肠便秘：肠道局部有较硬便秘块，堵塞块前方臌气积液，堵塞块后方塌陷空瘪；时间久者肠壁受便秘结块压迫，会出现淤血、水肿、坏死。

（2）肠套叠：前段肠管痉挛变细，后部肠段扩张变粗，前段肠管顺势套入后段肠管。随着努责，套入的肠段越来越多，但肠腔一直是通的。局部大段肠管会出现严重坏死。

【治疗方法】二者都可经过瓣胃注射泻药，2次无效后立即手术。

便秘牛频繁举尾，做排便动作

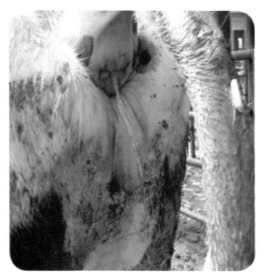
不排便，排黏液

牛肠便秘结块

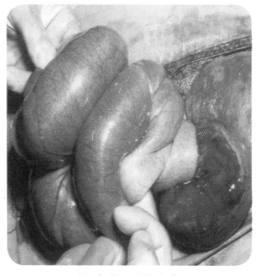
肠套叠，排血便

16. 牛羊 "吐草吐水" 是怎么回事？

【临床症状】牛羊经常出现反刍时吐草吐水，有的饲草咀嚼后再吐出，有的根本就不敢咀嚼饲草而直接吐出，这是患骨软症缺钙的典型特征。因为钙缺乏而牙齿松动、磨面不整、咀嚼疼痛，才反胃吐草吐水。

此时检查牛羊，可见额部隆起，上颌骨肿胀，关节肿胀，肋骨末端呈串珠样肿大。

犊牛正在咀嚼

犊牛正在呕吐

成牛吐出的草团

【用药治疗】

（1）10%葡萄糖酸钙500毫升（羊50毫升），复方氯化钠1 000毫升（羊50毫升），维生素C 20毫升（羊3毫升），一次静脉注射，连用2~3次。有的牛羊一次用药症状就消失。

（2）维丁胶性钙40毫升（羊5毫升），肌肉注射，连用2~3天。

（3）饲料添加维生素D：每千克饲料添加维生素D 500单位（羊50单位），连续饲喂1周。

17. 如何防治奶牛酮血病？

酮血症是由奶牛体内碳水化合物、蛋白质、挥发性脂肪酸代谢紊乱而引起，表现为血糖浓度下降、酮体含量升高的代谢性有机酸中毒病。

大家知道，当碳水化合物代谢后而被利用较少时，肝糖原储备也较低；同时供给能量的挥发性脂肪酸被利用时，也需要供给葡萄糖，因此，易发生供能的糖原不足。牛的能量主要来自瘤胃微生物酵解大量纤维素所产生的挥发性脂肪酸。挥发性脂肪酸包括甲酸、乙酸、丙酸、丁酸，其中丙酸经糖原异生途径生成葡萄糖，乙酸和丁酸转变为乙酰辅酶A后，进入糖代谢的三羧酸循环而产生和供应能量。

奶牛产后8~17天葡萄糖的需要量最大，当高产奶牛饲料中生糖先质即纤维素缺乏时，瘤胃发酵产生的丙酸比例变小，使生糖先质的来源不足。机体优先动用体内脂肪，然后再由蛋白质分解来供能。体脂和蛋白质分解的过程中，又会产生大量的β-羟丁酸。

酮体主要包含β-羟丁酸、乙酰乙酸和丙酮酸。

【临床症状】

（1）全身变化：奶牛被毛正常，体温正常，产奶正常，但采食减少，明显消瘦。

（2）特征症状：奶牛只吃粗草，不吃精料；把精料拌于草内，牛只专挑草吃，而把精料剩下；排便减少且粪便呈油饼状，表面有油光。

（3）精神状态：有的奶牛精神高度沉郁，有的不时哞叫、兴奋、仰头、舔墙皮，实为神经症状。

【防治措施】酮血症要早发现、早治疗，治愈率很高。治疗原则为提升血糖，减少生酮，改善消化功能。

奶牛极度消瘦

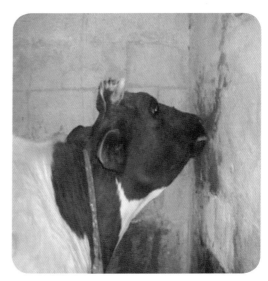

高度兴奋，不时舔墙皮

仰头哞叫

精神高度沉郁（王春傲提供）

（1）25%~50%葡萄糖 500~1 000 毫升、10% 葡萄糖 1 000 毫升、5 碳酸氢钠 500 毫升、10% 樟脑磺酸钠 20 毫升，一次静脉注射（羊减量），每天输液 2 次。

（2）甘油，羊 30 克、牛 250 克 + 水，一次内服，每日 2 次，连服 2 天。

（3）丙酸钠，羊 50 克、牛 200 克 + 水，一次内服，每天 2 次，连服 2 天。

（4）丙二醇，羊 50 克、牛 200 克 + 水，一次内服，每天 2 次，连服 2 天。丙二醇比丙酸钠和甘油效果要好，既能作为糖原异生的先质，又能免遭瘤胃发酵破坏。

（5）维生素 B_1 20 毫升，肌肉注射。

（6）应用肾上腺素。

18. 如何治疗羔羊白肌病？

【临床症状】初生羔羊 3~14 天表现劈叉、软腿、瘫腿、卧地不起等症状，多数因不能站立、吃不上奶而饿死。这是缺乏维生素 E 和微量元素硒的表现，称为硒–E 缺乏症，又叫白肌病。剖检，可见骨骼肌有灰白色条状坏死灶，心肌有坏死灶等。也有的认为该病与早期梭菌感染有关，被称为醉酒症。

【用药治疗】亚硒酸钠维生素 E，肌肉注射，羔羊 1~2 毫升，同时注射青霉素。

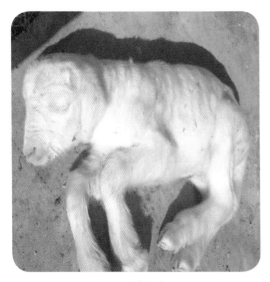

四肢划动

俯卧，四肢瘫痪

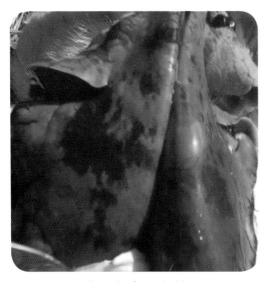

肺脏有出血斑块

瘤胃壁出血

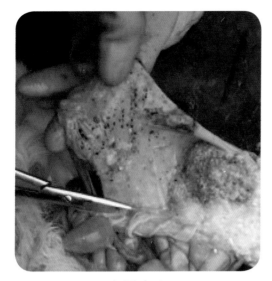
真胃出血

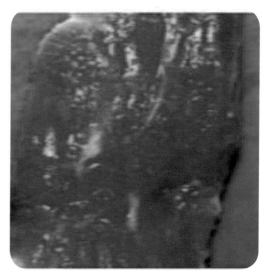
肌肉有黄白色条状坏死灶

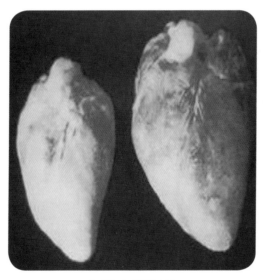
心肌有坏死灶

19. 羊黄膘病是怎么回事?

羊黄膘病主要发生于育肥羊,由于强化育肥、全程颗粒料饲喂,加大了肝脏负担,极易形成脂肪,影响胆汁的代谢,使黄膘肉的发生率升高。

羊黄膘病也叫黄脂病,俗称"黄膘"。饲料原因引起的叫黄膘肉,疾病原因引起的是黄疸肉。

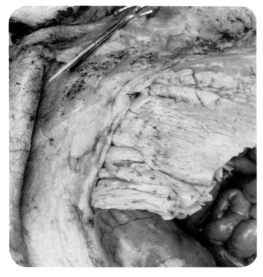

皮下组织黄染

肝脏硬固坏死

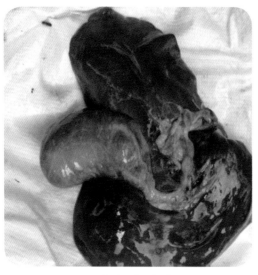

胆囊高度臌满

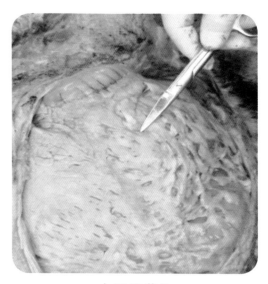

大网膜黄染

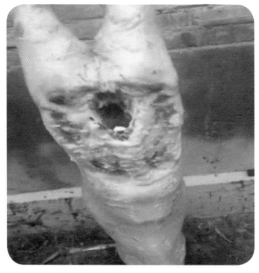

酮体黄染

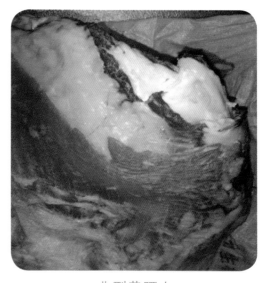

典型黄膘肉

【病因】

（1）饲料中加入了过多的动物油脂、鱼粉或其副产品，大量腐败的油渣，酸败的米糠，变质的棉籽饼、亚麻饼等。有的养殖者饲喂泔水等高脂肪易酸败的原料，有的直接喂猪禽类饲料。饲料中缺乏维生素，特别是缺乏维生素 E。饲料中不饱和脂肪酸含量过高等。

（2）羊患肝片吸虫病、棘球蚴病、附红细胞体病、焦虫病等。

【防治措施】

（1）精补料禁止加入动物性原料，防止易氧化、高油脂类饲料长期蓄积，引起黄膘病。精补料配方要控制一些原料的添加比例，平衡精补料的能蛋比。保证精补料中维生素的浓度，特别是维生素 E 的浓度，必要时额外添加维生素 E 类添加剂。饲喂肉羊，禁止使用猪禽类饲料。

（2）积极预防寄生虫病，特别是肝病，定期应用驱虫药。

（3）定期或长期添加优质保肝药，能明显减少黄膘病的发生。

20. 如何防治佝偻病？

牛羊佝偻病包括软骨症和骨软症两种，是一种以骨骼病变为特征的慢性、全身性、营养性疾病。这种骨组织病变是一种非炎性疾病。

【病因】软骨症主要发生于犊牛和羔羊，主要是由于饲料中维生素 D 的含量不足或光照不足，导致体内维生素 D 缺乏，影响钙、磷的吸收而发病，主要影响骨骼的正常发育和成型。

骨软症主要发生于成年牛羊，骨骼已经形成，但由于长期缺钙，骨钙转移到血钙，造成骨钙缺失，而发生骨骼变形。

【临床症状】以消化紊乱、异嗜癖、跛行、骨骼变形为特征。

犊牛、羔羊衰弱，生长迟缓，精神沉郁，行动缓慢，异嗜，步态不稳，跛行。病程稍长者形成软骨症，肢体变形，腿呈 X 状或呈 O 形。关节肿大，以腕关节、跗关节、球关节较明显，四肢弯曲不能伸直，腰背拱起。严重时以腕关节着地爬行，甚至卧地不起；最后几根肋骨会出现串珠状肿胀，额骨隆起，牙齿变形等。

【**防治措施**】

（1）增喂鱼粉：犊牛每头 30~50 克，羔羊每只 5~10 克。

（2）浓缩鱼肝油：10 毫升，犊牛一次分 2 点注射，羔羊 2 毫升。

（3）维丁胶性钙：犊牛一次注射 5 万 ~10 万单位，羔羊注射 2 万单位。

（4）AD 注射液：犊牛一次注射 10~20 毫升，羔羊一次注射 3~5 毫升。

（5）10% 葡萄糖酸钙：牛每次输液 200~500 毫升，羊每次输液 10~50 毫升。

（6）幼龄牛羊可强行夹板绷带矫正。

腿呈 X 状站立

腿呈 O 形

腕关节畸形

五、牛羊外科病诊治技术

1. 牛羊有哪些常见眼病？

　　临床牛羊眼病多发，有的还具有一定的传染性，必须引起高度重视。牛羊常见眼病，包括结膜炎、角膜炎、巩膜炎、虹膜炎、晶状体炎、视网膜炎等，最常见的是结膜炎和角膜炎，如传染性结膜—角膜炎病。

　　（1）结膜炎：结膜充血、淤血，眼睑肿胀，羞明流泪，有眼屎，有的上下眼睑闭合。

　　（2）角膜炎：角膜发青、发白、浑浊、增厚，重者失明。

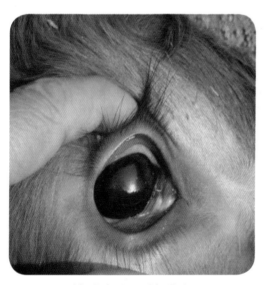

结膜充血，结膜炎

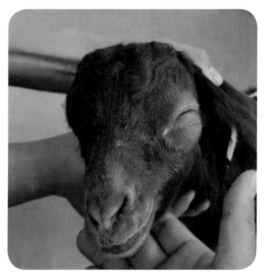

眼睑闭合，有脓性分泌物

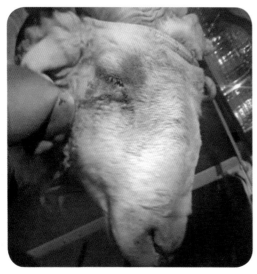

结膜炎流泪，有眼屎

结膜炎，有肉芽肿

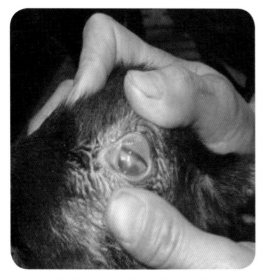

结膜充血，角膜轻度浑浊

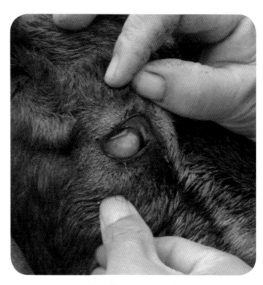

角膜严重浑浊

结膜、巩膜严重水肿

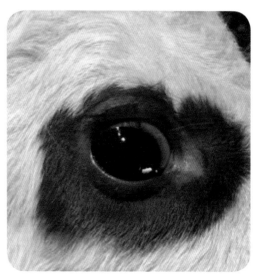

青光眼：瞳孔很大，看不见

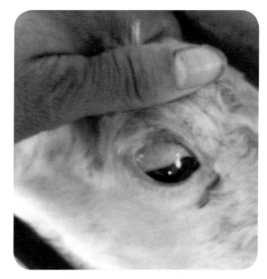

结膜和巩膜苍白、贫血	结膜和巩膜严重黄染

2.外科"污染"和"感染"有什么区别?

（1）外科污染：主要指创口（伤口或切口）被细菌等微生物和其他污物所粘染，有可能发展为感染，对创口的愈合很不利。

（2）外科感染：是指发生在创伤或手术后的感染，或需要外科治疗的感染性疾病。

非特异性感染：非特异性感染又称化脓性感染或一般性感染，常见致病菌有葡萄球菌、链球菌、绿脓杆菌、大肠杆菌等。

特异性感染：如破伤风、气性坏疽、结核病、念珠菌感染等。

感染大部分是由几种细菌引起，有明显而突出局部症状，病变往往集中在局部。有时发展为全身感染。

临床上污染不等于感染，但感染一定要先污染，污染是前提，感染是结果；尽管发生了污染，如果控制得好，也不一定发生感染。

3. 如何防治风湿病?

牛羊风湿病多是由溶血性链球菌感染引起的，一种胶原组织反复发作的变态反应——急性或慢性的非化脓性炎症。在贼风侵袭和突然低温时易发病。

【临床症状】风湿病主要侵害肌群及关节，出现疼痛和机能障碍。

（1）颈部风湿：患部肌肉僵硬、疼痛，一侧肌肉风湿，病畜斜颈；两侧风湿时，病畜低头困难。

（2）肩臂部风湿：前肢减负体重，悬跛，运步时步幅缩短，关节伸展不充分；两前肢同时患病时，病畜头颈高抬站立，两前肢前踏，蹄踵接地。

（3）背腰部风湿：腰部肌肉僵硬，站立时腰背部拱起，凹腰反射减弱或消失；行走时不灵活，步态强拘，起卧都很困难。

（4）臀股部风湿：后肢行走缓慢，跛行明显；肌肉僵硬、疼痛。

【诊断要点】风湿症具有疼痛性、黏滞性、硬固性、游走性，随运动增加而明显减轻或消失的特征。

【防治措施】

（1）10% 水杨酸钠注射液 500 毫升（羊 50 毫升）、10% 葡萄糖酸钙注射液 500 毫升（羊 30 毫升）、地塞米松注射液 60 毫升（羊 3~5 毫升）、5% 葡萄糖生理盐水 1 000 毫升（羊 100 毫升），一次静脉注射，连用 3 天。

（2）30% 安乃近注射液 40 毫升（羊 5 毫升）、地塞米松注射液 200 毫克（羊 10 毫克），一次肌肉注射，每天 1 次，连用 2 次。

（3）醋酒炙法：又称"火烧战船"，即在背腰部铺垫 6~10 层草纸，上面均匀浇上 75% 酒精，点燃后热气下透温暖肌肉组织；火势蔓延时，周边浇醋以灭火，火势小时再浇酒。如此火烧 10 分钟，用棉袋迅速铺盖在火苗上并固定，以防滑落，保持温度，效果很好。

背腰部风湿，趴卧

背腰部风湿，步态强拘　　　　　背腰及臀部股部风湿，肌肉僵硬

（4）独活寄生汤：独活 30 克、桑寄生 45 克、秦艽 15 克、熟地 15 克、防风 15 克、炒白芍 15 克、全当归 15 克、焦茯苓 15 克、川芎 15 克、党参 15 克、杜仲 20 克、牛膝 20 克、桂心 20 克、甘草 10 克、细辛 5 克，共研细末，开水冲，白酒 150 毫升为引，一次灌服。每日 1 剂，连用 3~4 剂（羊酌情减量）。

（5）针灸：根据发病部位，选取穴位针灸。

4. 蜂窝织炎有什么特征？

蜂窝包括皮下疏松结缔组织，筋膜下、肌间隙或深部的疏松组织等，具有免疫功能。蜂窝织炎多是一种急性、弥漫性、化脓性感染，特点是组织比较疏松，炎症可迅速向四周扩散，病变与正常组织无明显界限。炎症可由皮肤或软组织损伤后感染引起，亦可由局部化脓性感染灶直接扩散后，经淋巴、血流而发生。

溶血性链球菌引起急性蜂窝织炎，由于链激酶和透明质酸酶可使病变扩展迅速，引发败血症；由葡萄球菌引起的蜂窝织炎，易形成脓肿。

临床常见牛羊肌肉或静脉注射未按无菌操作，感染后引发蜂窝织炎；颈部、腿部、臀部等是感染的多发部位，如颈部蜂窝织炎、臀部蜂窝织炎、腿部蜂窝织炎、蹄冠蜂窝织炎等。

治疗原则：早期切开，减压止渗，抗菌消炎，防止败血。除局部处理用药外，必要时全身治疗。

皮下大面积蜂窝织炎，已化脓

髋部、股部蜂窝织炎

5. 如何鉴别血肿、脓肿、淋巴液外渗、疝？

血肿、脓肿、淋巴液外渗、疝都具有局部突出、肿胀、疼痛，有波动的特点。

（1）脓肿：因细菌感染所致，局部有热痛，波动明显，穿刺流出脓汁。

（2）血肿：因外伤所致，局部血管破裂、肿胀，波动明显，穿刺流出血液。

（3）淋巴液外渗：因擦伤所致，大面积肿胀，波动明显，穿刺流出淡黄色透明液体。放出液体后很快又肿胀，反复发作。

（4）疝：疝是由内脏连同腹膜一起漏出皮下，所以一般不能穿刺。多数漏出的是肠管，听诊有明显的肠蠕动音，内容物可还纳。

牛：左下腹部血肿

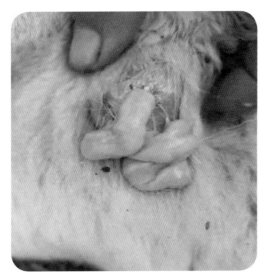

羊：切开脓肿，流出黏稠脓汁　　　　　　牛：淋巴液外渗

6. 淋巴液外渗是如何形成的？

牛羊淋巴液外渗，多是由外力作用下的皮下淋巴小管破裂，淋巴液外流于皮下组织，局部发生大面积肿胀的闭合性损伤。

【临床症状】多发生于局部突出的皮下，在钝性外力的挤压、冲撞、摩擦下，皮下的小淋巴管破裂，淋巴液流出，缓慢形成皮下肿胀并逐渐扩大，界限不明显。触摸局部无热痛，指压波动明显，穿刺液呈淡黄色透明状，放液后很快又肿起来。

【形成机理】牛羊体内有血液循环系统和淋巴液循环系统。淋巴液循环有独立的淋巴管，但最后也要经过胸导管进入腔静脉和心房。体内的组织液进入淋巴管，即成为淋巴液。因此，来自某一组织淋巴液的成分和该组织的组织液非常接近。每天生成的淋巴液总量大致相当于全身血浆总量。组织液和毛细淋巴管内淋巴液的压力差，是组织液进入淋巴管的动力。组织液压力升高时，能加快淋巴液的生成速度和流动。血液中有凝血因子，负责流出血液的凝固。淋巴液中缺乏这种物质，一旦发生淋巴液外渗，会不断地渗出并扩大肿胀面积。只有渗出肿胀的部位压力超过了组织液的压力，渗出才会停止，因为它不能自凝。这就是为什么淋巴外渗肿胀面积大、边界不明显，放液后再次渗出肿胀的原因。

【防治措施】剪毛、消毒后穿刺，将渗出液放出，然后打压迫绷带，制止渗出。

羊过度拥挤顶撞易发病

奶牛机械性冲撞、摩擦常会致病

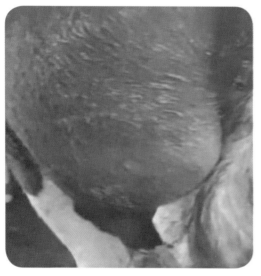

淋巴液外渗形成的肿胀

左下腹淋巴液外渗肿胀

外渗肿胀明显凸出

穿刺流出淡黄色液体

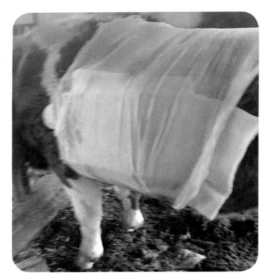

局部打压迫绷带，制止渗出

7. 如何防治疝气?

疝气是指腹腔内脏连同腹膜从自然孔道或异常孔道进入另一腔洞，形成的非正常肿胀。牛羊疝气包括脐疝、腹壁疝、腹股沟疝、阴囊疝、会阴疝等。

【临床症状】

（1）脐疝：多是先天性的，内脏多是大网膜、连同腹膜经过自然孔道脐孔漏于皮下，形成明显的肿胀，但触摸无热痛，内容物可以复回腹腔。触摸有疝孔，有的发生嵌顿性疝。

（2）腹壁疝：多是外力作用形成的，皮肤很完整，但肌肉已经发生断裂，形成了异常孔道。内脏连同腹膜掉于皮里肉外，形成急性肿胀。肿胀消退后可触摸到明显的疝轮和疝孔。局部经过了肌肉断裂、出血和粘连过程，称为粘连性疝。

（3）阴囊疝：主要是肠管从扩大了的腹股沟内环进入了鞘膜腔，而形成单侧或双侧阴囊肿大。触摸柔软，可复回腹腔，为可复性疝；否则，局部肿胀、变凉、疼痛、出现全身症状时，则为嵌顿性疝。如果肠管没进入阴囊，仅在腹股沟管内时，称为腹股沟疝。

【防治措施】

（1）保守疗法：对于脐疝和腹壁疝，多是在内脏还纳后打压迫绷带。常用硬纸壳＋脱脂棉盖住疝轮处，用绷带缠绕固定。

（2）手术治疗：效果好。

可回复性脐疝

外伤性腹壁疝

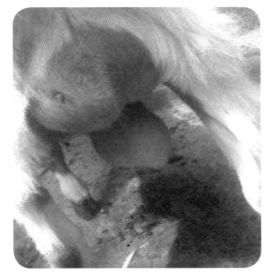

公羊：会阴疝

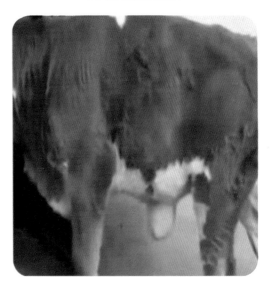

牛：可回复性脐疝

8. 如何防治放线菌肿？

放线菌肿是由牛放线菌和林氏放线菌引起的慢性传染病。牛放线菌引起骨骼的放线菌肿，林氏放线菌引起皮肤和软组织器官（如舌、乳腺、肺等）的放线菌肿。放线菌属革兰阳性菌。

颊部高度肿胀

上颌面部增生性硬肿

上颌骨硬肿

上颌骨质增生

一般放线菌病呈散发性，主要侵害2~5岁牛，以头、颈、下颌和舌出现放线菌肿为特征。

【感染途径】放线菌主要存在于土壤、饮水和饲料中，健康牛的口腔和咽的黏膜、扁桃体、龋齿中常有寄生；特别是饲喂较硬的秸秆饲草和麦秸时极易发病。当皮肤、黏膜损伤时（如被芒刺刺伤或划破），即可感染引起发病；麦芒非常容易损伤唾液腺管而发病；幼龄牛换牙齿时也常发此病。

【临床症状】牛上、下颌骨肿大，界限明显，不能移动，压之有痛感。肿胀通常进展缓慢，经数月乃至一年，往往到咀嚼已经困难时才被发现。

肿胀部的硬结中心常有破溃、流脓，有的形成瘘管；舌和咽部组织感染变硬时活动不灵，称为木舌病；乳腺患病时，出现硬块或整个乳腺肿大、变形，排出黏稠、混有脓液的乳汁。

放线菌肿均为骨性硬肿和增生性肉芽肿。

【防治措施】

（1）预防：不要饲喂过硬和有芒的饲草，必须饲喂时要将干草、谷糠、麦秸等氨化浸软，避免刺伤口腔黏膜；一旦皮肤、黏膜发生损伤，对伤口要及时处理。

（2）治疗：

①碘化钾：成年牛 5~10 克，一次口服；犊牛用 2~4 克，每天 1 次，连用 10 天。重症可用 10% 碘化钠 50~100 毫升静脉注射，隔日 1 次，连用 3 次。

②抗生素：青霉素 800 万单位 + 链霉素 400 万单位，于患部周围注射，每日 1 次，连用 5 日为一个疗程。链霉素与碘化钾同时应用，对于软组织放线菌肿和木舌病效果显著。

③手术切除：影响到咀嚼或有瘘管形成时，要连同瘘管彻底切除，切除后的新创腔用碘酊纱布填塞，1~2 天更换 1 次。

烧烙法：多次烧烙病变部。

9. 如何防治牛肩胛上神经麻痹?

肩胛上神经是来自于臂神经丛的比较粗的神经，从肩胛骨的下方进入肩胛下肌和冈上肌之间，绕经肩胛骨前缘转到外面，分布于冈上肌、冈下肌。在牛前肢负重时，这些肌肉起固定和制止肩关节外偏的作用。

在某些外力如打击、撞槽、角顶时会引起肩胛上神经麻痹，所支配的冈上肌、冈下肌就会松弛，失去了固定肩关节的作用，就出现了一系列麻痹后的临床症状。中小型牛场发病较多。

【临床症状】

（1）站立姿势：牛肩胛骨塌陷，肩关节偏向外方并与胸壁离开，胸前出现拳头大凹陷，同时肘关节明显向外突，跛行明显。如果提举对侧健肢，病畜能负重、无痛感，肩肘外突更加明显。

右侧肩胛骨塌陷，紧贴胸壁

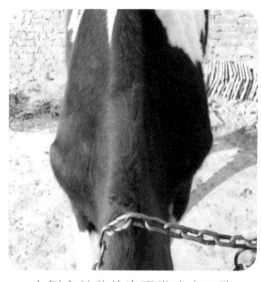

右侧肩关节处出现拳头大凹陷

右前肢左伸交叉

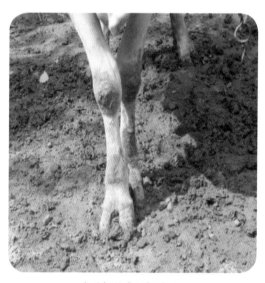

右前肢轻度交叉

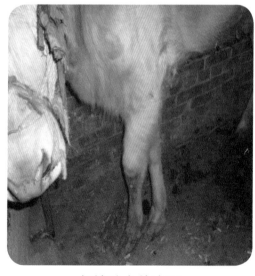

左前肢右伸交叉

双侧麻痹，呈交叉步样

（2）运动状态：牛患肢提举无任何障碍，但在患肢负重时，肩关节明显外偏，交叉步样，患肢向前内方叉出。如在泥泞地行走或以患肢为中心做圆周运动时，跛行程度加重。

（3）继发症状：病后 1~2 周，麻痹的冈上肌、冈下肌迅速发生萎缩，肩胛冈明显露出，肩关节与胸壁明显离开。

【防治措施】以恢复神经兴奋性，防止肌肉萎缩为主要治疗原则。

（1）多用鞋底、扫把重力按摩肩关节周围和神经径路，每天 2 次，每次 20 分钟。

（2）针灸：对膊尖、膊栏、肩井、肘俞、抢风等穴位，每天电针一次。

（3）服用中药：活血化淤中药，煎服，每天 1 剂，连用 5 天。

（4）药物注射：用 10% 葡萄糖、维生素 B_1 注射液、红花注射液等，在肩胛上神经径路上交互轮替注射，特别是硝酸士的宁注射效果极佳。

10. 如何防治关节肿胀？

牛羊关节肿胀临床常见，前肢肿胀多在指关节和腕关节，后肢肿胀多在趾关节和跗关节。关节肿胀除传染性因素外，多是在外力作用下发生的关节挫伤和扭伤。

【临床症状】各种外力如蹬空、滑走、急转、跳跃、跌倒等，常引起关节周围韧带和关节囊的纤维剧伸，甚者发生断裂。临床出现严重跛行且为重度支跛，患部肿胀、热痛明显。

【防治措施】治疗原则：制止渗出，促进吸收，消炎镇痛，防止粘连。

（1）早期采用冷却疗法制止渗出，敷以冰袋，每天 2 次，每次 20 分钟；中后期用温热疗法促进吸收，采用冰片酒精绷带、石蜡绷带，达到热敷的效果。

（2）局部用药：用鱼石脂软膏、四三一合剂、高渗硫酸镁、樟脑酒精等涂抹。

（3）补钙疗法：10% 氯化钙或葡萄糖酸钙，静脉注射。

（4）封闭法：0.5% 普鲁卡因 + 地塞米松，肿胀部位上方分点封闭注射。

（5）使用镇痛剂：安痛定或安乃近注射。

（6）固定法：如牛羊有韧带撕裂时，可安装夹板绷带固定，限制活动。

右后肢跗关节周围炎

左后肢跗关节肿胀

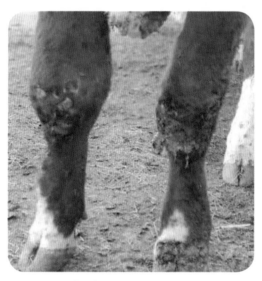

右前肢腕关节肿胀

11. 如何防治腕前皮下黏液囊炎?

　　牛羊在进化过程中形成了很多具有自我保护功能的器官,黏液囊便是其中之一。腕前黏液囊在腕关节前下方的皮下,包裹着腕关节,外部就是皮肤,为了减少外力对骨骼关节的摩擦振荡,所以在皮下形成了一个双层的黏液囊垫,以起缓冲作用。此黏液囊易积液发炎。

【临床症状】奶牛多发病，由于其特有的起卧姿势，使腕前皮下关节经常受挤压摩擦，尤其是在坚硬、不平的厩舍和运动场更为多发病。常见黏液囊膨胀、热痛，有波动感，发病率在 5% 以上。囊内液体有浆液性、黏液性、纤维素性之分。感染则形成脓肿，皮肤溃烂则经久不愈，影响运动及产奶量，重者淘汰。

羔羊因跪地吮吸乳汁，在砖铺、水泥等硬地时对腕前压迫力度较大，常发生腕前皮下黏液囊炎。肿胀明显，呈局限性、圆形。轻微跛行，触诊肿胀处皮肤增厚、发热，有波动感。饮食正常，无全身反应。

【防治措施】

（1）去除病因：改善地面较硬的厩舍和运动场，可以减少此病发生。

（2）积液轻微的，可以在无菌条件下抽出积液后，打关节绷带压迫渗出即可。

（3）肿胀过大的，渗出液不易吸收，可在肿胀的低位抽出积液，再注入 0.5%~1% 普鲁卡因，牛 10 毫升、羊 3~5 毫升。打关节绷带。

（4）慢性增生性炎症致运动障碍时，可注入 5% 碘酊或 5% 硫酸铜等，进行腐蚀破坏。

（5）必要时手术摘除黏液囊。

羔羊腕前皮下黏液囊炎

12. 如何防治蹄冠炎？

蹄冠指蹄缘下方、蹄壁上方，围绕蹄上部一周。蹄冠炎就是发生在蹄冠部皮下及真皮的化脓性或坏疽性炎症，又常称为蹄冠蜂窝织炎。多由外伤所致。

【临床症状】冠缘肿胀，指压有波动感，破溃流脓，蹄壳分离，严重支跛。

病畜体温升高，精神沉郁；蹄冠形成圆枕形肿胀，指压有波动感，有热痛，蹄冠边缘易发生剥离；有严重支跛；在肿胀的蹄冠边缘会出现多个小脓肿，破溃后病畜的全身状况会有所好转，跛行减轻，急性炎症减缓至平息。

炎症剧烈或未得到有效治疗时，蹄冠蜂窝织炎会并发附近组织坏死，发生坏死性蹄关节炎，甚至会发生转移性肺炎和脓毒败血症。

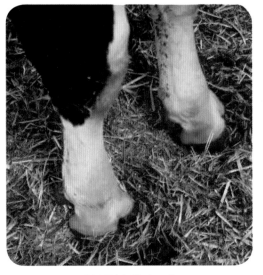

蹄冠边缘红肿

蹄冠边缘破溃

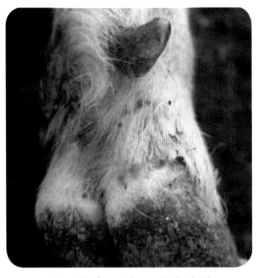

羊口蹄疫：蹄冠破溃流脓

蹄冠化脓

化脓减少，炎症平息

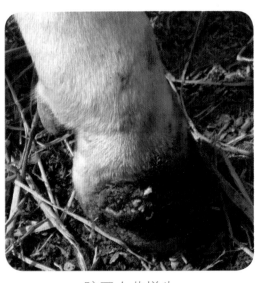

蹄冠肉芽增生

【防治措施】

（1）清洗蹄部，局部剪毛、消毒。

（2）早期切开：用手术刀尖或小宽针竖切柔软且有波动处，尽早排出渗透液，以减压或排出脓汁。

（3）彻底清除坏死组织，用消毒药冲洗至液体清凉，撒布消炎粉，包扎。

（4）肉芽增生时，可在创面上撒布高锰酸钾粉后灼烧，使肉芽停止生长。

（5）必要时采用抗生素、输液等全身疗法，预防败血症。

13. 如何治疗蹄叶炎？

蹄叶炎是指蹄真皮的炎症。蹄真皮又叫蹄小叶，具有血液循环和生发的功能。真皮的外部是角质层，内部是蹄骨，因此，在多种因素的作用下，一旦蹄小叶淤血、水肿，即会受到压迫，疼痛难忍。

【病因】蛋白质摄入过多、产后子宫败血症及乳腺炎症继发为主因。蹄叶炎是全身代谢紊乱的局部表现，代谢产物包括组织胺和酸性物质，会造成蹄小叶充血。最初是在炎性物质的刺激下，毛细血管扩张、充血，而后出现淤血、渗出；大量渗出液积聚在蹄骨和蹄壳之间，蹄角质小叶和肉小叶分离而产生剧烈疼痛。

【临床症状】病畜精神沉郁，食欲减少，不愿站立和运动，多以蹄尖着地；蹄壁触诊有热痛感；常见负重姿势异常，如两前肢患病时，两后肢伸于腹下，两前肢也向前伸，以蹄踵着地；两后肢患病时，前肢向后屈于腹下，交互负重；运步时呈紧张步样、肌肉震颤；有全身症状，指动脉亢进。

【治疗措施】去除病因，解除疼痛，改善循环，防止芜蹄。

（1）缓泻：小叶病变在临床症状出现4小时内发生，必须尽早进行有效治疗。要投服石蜡油30~500毫升，缓泻肠道。

（2）理疗：急性炎症冷蹄浴，亚急性炎症温蹄浴。

（3）放血：小宽针纵刺蹄头穴，放血，刺激局部血循环。

（4）封闭：0.5%普鲁卡因（羊3毫升、牛10毫升）、地塞米松（羊2毫升、牛5毫升）、青霉素（羊80万、牛400万单位）进行指（趾）神经封闭，可明显缓解蹄部疼痛。

（5）全身疗法：用强心剂、钙制剂、小苏打等，静脉注射。

左前肢前伸，蹄尖接地

右前肢前伸，蹄尖接地

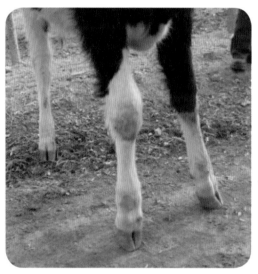

两前肢前伸，体重后移

两前肢后踏，重心前移

两后肢后踏，重心前移

慢性蹄叶炎，蹄尖上翘

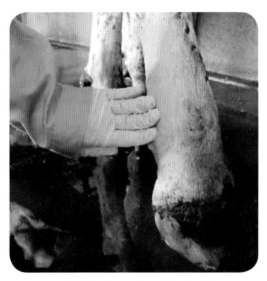

球节上方，指动脉亢进　　　　　　　对蹄部进行浸泡理疗

14. 如何治疗腐蹄病?

腐蹄病是蹄间皮肤和软组织腐败，有恶臭，多由蹄叉外伤、腐烂继发或转来。一旦蹄叉腐烂，各种细菌病原体就会乘虚而入，特别是坏死杆菌、化脓棒状杆菌等。腐蹄病可占所有蹄病的60%以上，牛羊均得，绵羊易感。乳牛患腐蹄病后，产乳量大减，甚至被淘汰。一旦感染即会出现全身症状，最多发生的是脓毒败血症。

【临床症状】

（1）急性型：体温升高，食欲减退；病畜站立时频频提举患肢，运动时出现支跛，多俯卧；早期蹄间皮肤红肿热疼，继而蹄底部的蹄球、肉底，甚至冠缘有明显的炎症表现。

（2）慢性型：蹄底真皮、侧壁真皮等与角质真皮广泛分离；深部组织的感染形成化脓创口组织坏死或形成腔洞，严重时可侵害趾间韧带及肌腱，称为腐败性关节炎；全身症状加重，体温再度升高；严重跛行，甚至三足跳跃；有恶臭脓性分泌物，夹杂关节滑液。

【治疗措施】彻底清除坏死组织是关键。全蹄用消毒液浸泡、清洗，彻底清除坏死组织，必要时让全蹄贯通；10%硫酸铜浸泡10分钟；拭干后，创口内撒布抗生素粉剂；坏死腔洞可用带药的纱布填塞；包扎，2天换药一次，注射破伤风针；应用全身抗生素和输液疗法。

绵羊：蹄尖接地

蹄瓣内侧炎症明显

蹄叉腐烂

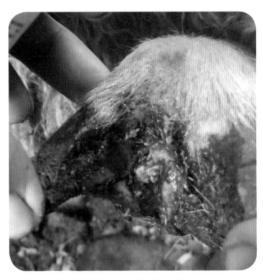

蹄叉重度腐烂

蹄叉严重感染化脓

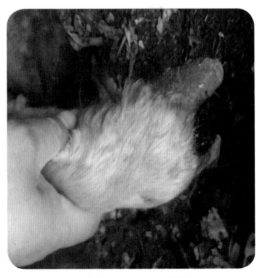

一侧趾 2/3 已溃烂

1. 如何治疗流产?

妊娠中断即为流产,胚胎被吸收或排出不足月胎儿。

【发生原因】

(1)饲管不当:如饲草粗劣,饲料霉变,营养物质缺乏,管理失误等。

(2)机械损伤:冲撞、拥挤、蹴踢、顶架等外力因素,粗暴的直肠检查、阴道检查等人为因素,都可引发流产。

(3)药物原因:牛羊孕期服用过量泻药、驱虫药、子宫收缩药、激素等。

(4)习惯性流产:主要是子宫内膜的病变和子宫发育不全等引起。

(5)疾病因素:如布氏杆菌病、肠痉挛、胃肠炎、热性传染病、子宫及阴道疾病等。

【治疗措施】

(1)对传染病和继发病要及时治疗。

(2)保胎安胎:肌肉注射黄体酮以保胎,牛50~100毫克,羊15~25毫克。

羊流产,排出3月龄胎儿

流产胎衣,子宫阜明显

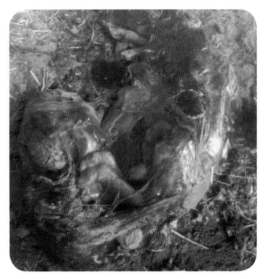

羊早产胎儿 　　　　　　　　羊流产胎儿

（3）促进胎儿排出：对于保胎无望的，要及时应用己烯雌酚、催产素等，促进胎儿排出。

（4）延期流产：指胎儿已死于子宫内而无法排出，此时可应用前列烯醇扩张子宫颈口，排出或掏出胎儿及胎儿碎片。冲洗子宫并投药控制子宫内膜炎，必要时全身治疗。

2. 如何治疗阴道脱？

阴道脱是指阴道壁部分外翻，脱出于体外的一种疾病，俗称"吊球"。脱出的阴道黏膜常因血液循环障碍和污染而充血、淤血、发炎，甚至破溃。

【临床症状】病畜仅在卧地时，有粉红色瘤样物突出，夹在阴门之中，当站起时又自行缩回。

病畜在临近分娩，脱出部分逐渐增大，黏膜受磨损发炎，颜色变深变暗，水肿。这时病畜站立，脱出物也不能再缩回复位，有的能看到宫颈外口和黏液塞，排尿不畅；不时努责，但无全身变化。

【治疗措施】

（1）病畜轻度阴道脱出时，对阴道整复还纳。

（2）经常脱出时，可用70%酒精注射于阴唇两侧，使之肿胀。每侧注射量羊5毫升、牛10毫升，可避免阴道再脱出；或注射10%的氯化钙，剂量同酒精。

（3）阴道反复脱出时，可在阴唇上方2/3处将两阴道壁进行圆枕结节缝合，有利于排尿。

（4）对顽固性的阴道脱可以采取外固定，即把松弛的阴道壁固定在同侧的臀部皮肤上。

（5）选用抗生素和补中益气中药治疗。

阴道部分脱出

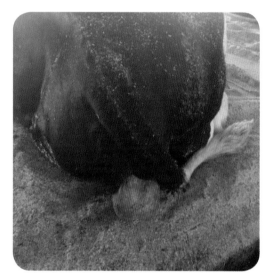

奶牛阴道脱出不久，污染严重

病牛站立，也不能自行缩回

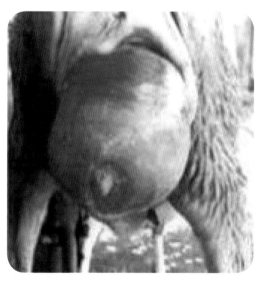

阴道全脱，颈口显露

3. 如何治疗子宫脱？

病畜瘦弱、产道肌肉组织松弛、霉菌毒素中毒、腹压过大、老龄，是发生子宫脱的主要原因。

【临床症状】病畜弓腰举尾、频繁努责，排尿困难，往往发生孕角脱出，有一个大的袋状物从阴门中脱出，有时还会附着没有脱出的胎衣，剥落胎衣后能够看到不同大小的圆盘状或者浅杯状的子宫阜（又叫子叶）。

子宫脱出时间较久，还会出现淤血、水肿，甚至出现严重血肿，易发生出血或者坏死；污染严重时，病畜发生败血症而死亡。

【治疗措施】

（1）子宫脱整复术：早期整复可使子宫复原。首先剥离胎衣，用0.01%高锰酸钾水或3%明矾水清洗子宫，除去子宫黏膜上的污物。然后将病畜呈前躯低后躯高姿势保定，2位助手将脱出的子宫用大白布托起，与阴道高度水平。术者双手大拇指相互配合，将子宫角尖端凹陷处的子宫体缓慢送回。

如果在推送过程中病畜出现努责，则要停止推送，然后对送入的部分进行固定，避免发生再次脱出。努责结束后再继续推送，直至完全推送回阴道内。

（2）向子宫内投放金霉素3克、鱼肝油100毫升（羊减量）。

子宫角部分脱出

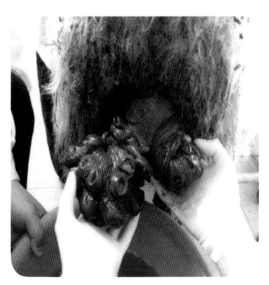

子宫全部脱出，子宫阜清晰可见

（3）后海穴封闭效果很好。

（4）灌服补中益气汤（羊减量）：熟地 15 克、陈皮 12 克、生姜 5 克、白术 l2 克、甘草 10 克、当归 6 克、党参 l2 克、升麻 6 克、柴胡 10 克、黄芪 20 克、大枣 10 枚，共研细末，开水冲，候温灌服，每天 1 剂，连用 3~5 剂。如果元气下陷且排尿不畅，可加入木通 15 克、车前子 10 克，用于升清降浊、通利排尿（羊减量）。

4.如何治疗胎衣不下？

胎衣在正常排出时间未能排出，称为胎衣不下。牛羊胎衣排出的正常时间是产后 4~6 小时，8~12 小时胎衣仍未排出的，称为胎衣不下或胎衣滞留。牛比羊的发病率要高，奶牛胎衣不下约占健康分娩牛的 8.5%，有的奶牛场甚至高达 25%~40%。胎衣不下易继发子宫内膜炎，影响母畜繁殖力，或全身感染而死亡。

【临床症状】

（1）胎衣全部不下：大部分胎膜及绒毛仍与子宫腺窝紧密连接，一部分胎衣悬垂于阴门外，甚至达跗关节处。绒毛膜表面有暗红色胎盘子叶。

严重子宫弛缓的病例，全部胎膜可能都滞留在子宫内，有时悬垂在阴门外的胎衣也可能断离。病畜强烈努责、弓腰、频繁卧地、呼吸和心率加快。

（2）胎衣部分不下：没有胎衣悬垂于阴门外，只是一部分胎盘存留于母体胎盘的子宫阜上，2 天即可发生腐败。阴门流出污红色、腐败恶臭的恶露和灰白色、未腐败的胎衣碎片或脉管，易继发子宫内膜炎。

母畜俯卧时，由于腹压加大而从阴门排出少量或多量破碎胎衣、纤维素性液体，甚至是脓汁。

【治疗措施】胎衣不下要及时按规程处理，如果处理延迟或处理不当，易继发子宫内膜炎。

（1）化学药物疗法：

①促进子宫收缩：垂体后叶素，羊用 20 单位，牛用 100 单位，最好在产后 8~12 小时注射；不超过 24 小时的，可应用催产素注射液 0.8~1.0 毫升，一次肌肉注射。

②促进胎盘分离：双氧水，羊 10 毫升，牛用 80 毫升子宫灌注；或 10% 高渗盐水灌注，吸出后灌注鱼肝油，羊 10 毫升、牛 50 毫升。

羊：胎衣全部不下

牛：胎衣全部不下、下垂

胎衣下垂至地面

坠鞋底，非常错误的治疗方法

③预防胎衣腐败：消毒液冲洗，选用有效的抗生素（奶牛慎用）。

（2）中药疗法：

①加味生化散（牛用量）：当归 12 克、川芎 6 克、桃仁 10 克、炮姜 6 克、炙甘草 12 克、党参 10 克、黄芪 12 克，共研细末，开水冲，候温加黄酒 20 毫升，一次灌服。

②参灵汤（牛用量）：党参 12 克、五灵脂 6 克、生黄柏 6 克、当归 10 克、川芎 6 克、益母草 20 克，共研细末，开水冲，候温灌服（羊用减量）。

（3）手术剥离：药物治疗 72 小时而不见效者，立即手术取出胎衣。阴门周围清洗消毒；对露于阴门口外的胎衣，要一边牵引一边捻转，呈麻花状以防扯断，缓慢牵拉至全部取出。如果牵拉有障碍时，不得强行牵拉，术者手臂消毒后伸入子宫内，将粘连在子宫阜上的胎衣逐一剥离后取出。

术前准备充分、取衣方法熟练时，一般术后不冲洗，仅投放金霉素3克（羊1克）、鱼肝油100毫升（羊20毫升），控制炎症、保护黏膜。

不要采取在露出的胎衣上悬坠鞋底、啤酒瓶等错误的治疗方法。

（4）后海穴封闭：可以减轻刺激、减轻努责，有利于子宫恢复，效果很好。

5. 如何治疗子宫内膜炎？

按渗出物性质，可分为黏液性、纤维素性、化脓性子宫内膜炎，严重程度依次增加。按发病的时间，可分为急性型、慢性型子宫内膜炎，要采取不同的治疗方法。在临床上经常把二者结合起来，如急性黏液性、急性化脓性、慢性黏液性、慢性化脓性子宫内膜炎等。急性化脓性子宫内膜炎可以继发盆腔炎、腹膜炎及其他器官混合感染，演变为坏疽性全子宫炎，病畜易引发全身性败血症或脓毒性败血症而死亡。

【临床症状】

（1）急性子宫内膜炎：多发生在产后5~6天，病畜食欲减退、泌乳减少、体温升高，频频努责、弓腰、举尾，阴户内排出大量带有腥味的恶露，暗红色或棕色。病畜卧下时排出量较多，常见尾根粘附大量脓性分泌物。

（2）慢性子宫内膜炎：多由急性型转变而来，病情较轻，常无明显的全身症状，主要表现为从阴门不定期排出透明或浑浊或脓性絮状物。母畜发情或频繁发情，但屡配不怀孕。

【治疗措施】发生子宫内膜炎后要及时治疗，否则，轻者屡配不孕，重者败血症死亡。

治疗原则：净化子宫，抗菌消炎，防止败血，恢复机能。

治疗子宫内膜炎，以羊为例。

（1）子宫冲洗：利用子宫冲洗器械，将消毒液注入子宫并导出，反复冲洗；用虹吸法将子宫内液体完全吸出；然后向子宫内注入碘甘油2毫升、鱼肝油20毫升、金霉素0.5~1克，每天1次，直至阴道分泌物排干净。

（2）净化子宫内环境：向子宫内灌注1%过氧化氢溶液10~50毫升，稍候用虹吸法将子宫内的消毒液再吸出。

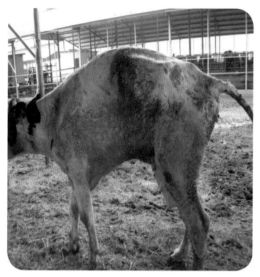

举尾弓腰（王春傲提供）

努责，排出脓性分泌物

排出黏液、纤维素性分泌物

化脓性子宫内膜炎

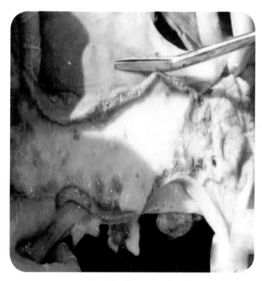

子宫蓄脓，呈白色

排出白色脓性分泌物

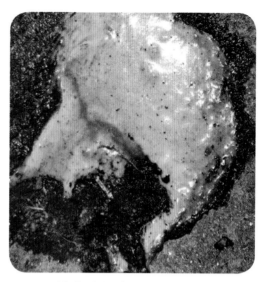

排出黄白色脓性分泌物　　　　　　排出淡红色脓性分泌物

（3）抗生素疗法：病羊表现全身症状，及时应用抗菌药物，包括头孢类、磺胺类、氨基糖苷类等。

（4）液体疗法：当出现自身中毒时，可应用 10% 葡萄糖溶液 100 毫升、复方氯化钠溶液 50~150 毫升，5% 碳酸氢钠溶液 20~50 毫升，一次性静脉注射。同时用头孢类药物输液。

（5）中药疗法：当归红花散，当归 6 克、川芎 3 克、桃仁 3 克、红花 3 克、蒲黄 2 克、五灵脂 2 克、益母草 2 克、王不留行 2 克、牛膝 3 克、黄芪 2 克、党参 2 克、滑石粉 1 克，水煎服，每日 1 剂，连用 3 天。

以上防治措施，牛用时加大剂量。

6. 如何治疗乳腺炎?

乳腺炎多是细菌感染形成的，其中 90% 是革兰阳性菌中的溶血性金黄色葡萄球菌和溶血性链球菌感染所致；溶血性金黄色葡萄球菌、无乳链球菌危害最严重，其次是绿脓杆菌和大肠杆菌等。这些病菌可单独感染，也可混合感染。

【分类】

（1）急性型：常见急性浆液性乳腺炎、急性黏液性乳腺炎、急性化脓性乳腺炎、急性坏疽性乳腺炎。

（2）慢性型：分为慢性化脓性乳腺炎、慢性增生性乳腺炎。

（3）隐性型：隐型乳腺炎发病率很高，生产损失很大，值得重视。

【临床症状】

（1）急性型乳腺炎：患病乳区发热、肿胀、疼痛；乳汁变稀，混有絮状或粒状物；乳腺淋巴结肿大；乳汁呈淡黄色黏稠、水样或带有红色水样。体温高达 41~42℃，呼吸和心率加快，结膜潮红。

（2）慢性型乳腺炎：无全身症状，患病乳区组织弹性降低、硬固；触摸乳腺可发现大小不等的硬节；乳汁稀、清淡，泌乳量显著减少，乳汁中混有粒状或絮状凝块。

（3）隐性型乳腺炎：一切都很正常，就是产奶量极低。乳腺形状和乳汁颜色无变化，乳汁检测无病原微生物，但有白细胞，采用特殊检验方法为阳性。隐性型乳腺炎发病率高达 38%~62%。

【治疗措施】乳腺炎确诊后要及时用药治疗，不要拖延成为慢性型。

（1）物理疗法：急性型乳腺炎初期可用冷敷，中后期温热敷，效果很好，事半功倍。

（2）乳腺基底封闭：在乳腺基底部和腹壁之间，用封闭针头进针 3~8 厘米，注入青霉素（羊 400 万单位、牛 1000 万单位）、0.5% 普鲁卡因（羊 20 毫升、牛 150 毫升），每天封闭 1 次，连用 3 天。

（3）乳头管口注射：将乳汁全部挤干净后，自乳头管口注入药物，并向上按摩推送（无化脓时向上推送）。

（4）全身疗法：牛乳腺极度肿胀、体温高热时，输液治疗。常用 5% 葡萄糖生理盐水 1 500 毫升、10% 葡萄糖酸钙 500~700 毫升、5% 碳酸氢钠 500 毫升，静脉注射，每天 1 次，连用 3 天。或加头孢噻呋钠 0.5~5 克，与糖盐水一并输入。

（5）中药疗法（牛用量）：

①雄黄散：雄黄 10 克、黄柏 50 克、冰片 5 克、大黄 20 克、蒲公英 100 克、白芨 20 克、白蔹 20 克、龙骨 20 克，共研细末，醋调糊，涂于红肿部，每天 1 次，连用 3 天。

②清热解毒散：金银花 20 克，当归、蒲公英、板蓝根各 12 克，川芎、玄参、柴胡、甘草各 10 克，水煎服，每天 1 次，连用 2 ~3 天。

对于慢性增生性乳腺炎病畜，予以淘汰。

乳腺肿胀、热痛

乳腺积血

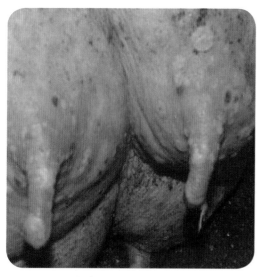

口蹄疫：乳腺长有水泡

乳腺炎：重度坏死

大肠杆菌乳腺炎，局部坏死

溶血性链球菌：乳汁有血色

口蹄疫继发乳腺炎：形成瘘管

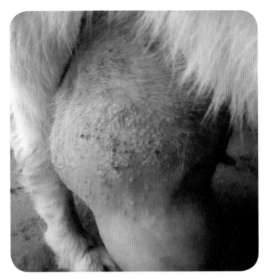

乳腺红肿，有"刺疣"

7. 牛羊怀孕中后期出现肿腿是怎么回事？

（1）静脉回流障碍：牛羊怀孕中后期，随着胎儿逐渐增大、胎水增多，压迫后腔静脉回心障碍，致使后躯淤血，血管扩张。血管中的水分漏出血管外，形成皮下水肿，又叫浮肿。生产后或增加运动即可减轻或消失。

（2）盐分摄入过多：氯和钠协同维持细胞外液的渗透压；参与胃酸形成；刺激唾液分泌，促进其他消化酶的消化；改善饲料味道，增进食欲。

大多数天然饲料中都缺钠，因此，不补充钠，母畜常会出现食欲不振，皮毛粗乱，产奶量下降；母畜有强烈渴求食盐的欲望，如舔舐木头、铁管、墙壁等。但钠离子过多会增加血容量，不仅加重心脏负担，而且后肢和乳腺会出现水肿，一般牛羊食盐添加量以占精料的 0.5%~1% 为宜。

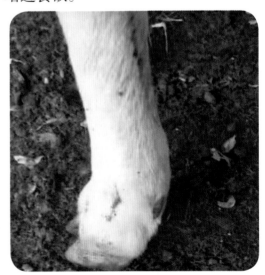

球节及蹄冠部水肿

（3）蛋白质摄入不足：蛋白质具有维持血管内胶体渗透压的功能，饲料中蛋白不足时胶体渗透压会降低，不能保留血管内水分，形成皮下水肿。

（4）心肾疾病影响：腿浮肿是细胞外液中水分积聚过多所导致的局部或全身肿胀。浮肿与身体很多器官的病变有关，但心肾疾病是常见原因。牛羊患心脏疾病时全身水肿，特别是前后腿都肿；患肾脏疾病时，多见后腿水肿。

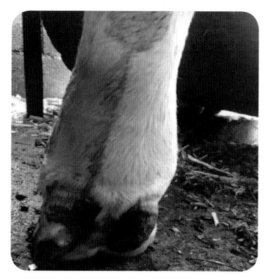
腿部水肿明显

乳腺水肿

8. 如何治疗生产瘫痪？

母畜生产瘫痪多发生于产后1~3天，是以瘫痪和昏迷为特征的急性、进行性低血钙症，又称乳热症。牛多发于产后3天内，羊多发于产后3周左右。非典型病例多为产前或产后数周的高产奶牛。

【病因】钙摄入太多，甲状腺分泌一种降钙素，使血钙向骨骼转移，形成骨钙，以降低血钙。如果血钙太低，甲状腺就分泌另一种甲状旁腺素，促进骨钙盐溶解，释放钙磷于血液中，使血钙上升。

母畜孕后期饲养良好，高钙、高磷、高能量，降钙素一直分泌增加，甲状旁腺素一直被抑制，血钙会不断地转变为骨钙。然而分娩后，钙突然随血液进入了乳腺，通过初乳大量排出，血钙降低。甲状旁腺素被抑制，降钙素还在继续降血钙，血钙不能迅速得到补充，致使肌肉兴奋性增高，全身痉挛，甚至强直。

羊：腿软，走路后躯摇摆　　　　　　　典型瘫痪姿势：头颈紧贴胸壁

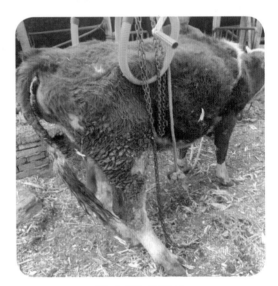

典型瘫痪呈 S 状（王春傲提供）　　　　　　防止形成褥疮

胎儿娩出和胎水流出致腹压突然降低，血液大量进入腹腔脏器和乳腺，导致母畜脑贫血、瘫痪、无知觉、体温降低。

【母牛症状】

（1）初发期：食欲减退，反刍、瘤胃蠕动、二便停止，目光茫然；后肢交替接地，后躯摇晃，肌肉发抖；不久即发生瘫痪，从后肢开始，病牛挣扎而不能站立。

（2）沉郁期：知觉消失，俯卧，头向前伸置于地面，但很快偏斜与一侧胸壁，呈 S 状弯曲。

（3）麻痹期：意识消失，四肢麻痹，头颈弯曲，瞳孔放大，疼痛反射消失，呼吸深沉，体温下降至 36℃。因消化道麻痹导致直肠蓄粪。

【母羊症状】多在产后 3 周发生，症状较轻，表现为食欲、反刍停止，弯背低头、后肢摇摆；后起立困难，直至无法起立，针刺反应弱。

少数病羊发生明显的麻痹症状：舌头外垂，咽喉麻痹。脉搏微弱，先慢后快；呼吸深而慢，唾液随着呼气吹出，四肢伸直，头弯于胸部，体温逐渐降至 36℃。

【治疗措施】诊断要点：意识丧失，四肢瘫痪，消化道麻痹，体温下降，低血钙症。

治疗原则：提升血钙，减少丢钙，调节钙磷。

（1）提升血钙量：10% 葡萄糖酸钙 1.5 毫升 / 千克、10% 葡萄糖 2 毫升 / 千克，另加生理盐水 100~500 毫升 / 千克、10% 樟脑水 5~20 毫升 / 千克，静脉注射。维生素 B_1，羊 2 毫升、牛 10 毫升；加维丁胶性钙，羊 2 毫升、牛 10 毫升，肌肉注射，连用 3~5 天。

（2）减少丢钙：采用乳腺送风法。挤出少量乳汁，乳头管口周围消毒后插入导管针，直达乳腺乳池。通过导管注入空气，直到乳腺充满为止。手指叩击乳腺呈鼓音，即充满空气。为了避免空气逸出，在取出导管时用胶带粘住乳头管口。经过 30 分钟将胶带去掉，期间可小心按摩乳腺各叶数分钟。注入空气后 6 小时症状并未改善，应重复乳腺送风。

（3）对症治疗：

①补磷：母畜精神正常但欲起不能的，多伴有低磷血症。用 20% 磷酸二氢钠溶液 400 毫升，静脉注射。

②补糖：随着钙的供给，血中胰岛素含量很快提高，血糖降低，有时可引起低血糖症，应补糖。

③促进肠蠕动：维生素 B_1，肌肉注射，温水灌肠。

（4）中药疗法：采用补肝益肾散（羊用量），当归 8 克、川芎 3 克、熟地 6 克、焦白芍 6 克、炙黄芪 3 克、怀牛膝 3 克、钩藤 3 克、炙甘草 3 克、天麻 3 克，水煎，候温灌服。